30 Minuten
Business Agility

Gerald Draht
Erno Marius Obogeanu-Hempel

Bibliografische Information der Deutschen Nationalbibliothek. Die Deutsche Nationalbibliothek verzeichnet diese Publikation in der Deutschen Nationalbibliografie; detaillierte bibliografische Daten sind im Internet über http://dnb.d-nb.de abrufbar.

ISBN 978-3-96739-194-7

Umschlaggestaltung: Zerosoft, Timisoara (Rumänien)
Umschlagkonzept: Buddelschiff, Stuttgart | www.buddelschiff.de
Lektorat: Silke Martin, Kriftel
Autorenfoto Gerald Draht: Picture™People
Autorenfoto Erno Marius Obogeanu-Hempel: DigitalWinners GmbH
Satz und Layout: Zerosoft, Timisoara (Rumänien)
Druck und Bindung: Salzland Druck, Staßfurt

© 2024 GABAL Verlag GmbH, Offenbach

Ein Hinweis zu gendergerechter Sprache: Die Entscheidung, in welcher Form alle Geschlechter angesprochen werden, obliegt den jeweiligen Verfassenden.

Wir drucken in Deutschland.

www.gabal-verlag.de
www.gabal-magazin.de
www.twitter.com/gabalbuecher
www.facebook.com/gabalbuecher
www.instagram.com/gabalbuecher

PEFC zertifiziert
Dieses Produkt stammt aus nachhaltig bewirtschafteten Wäldern und kontrollierten Quellen.
www.pefc.de

Wir übernehmen Verantwortung! Ökologisch und sozial!

- Verzicht auf Plastik: kein Einschweißen der Bücher in Folie
- Nachhaltige Produktion: Verwendung von Papier aus nachhaltig bewirtschafteten Wäldern, PEFC-zertifiziert
- Stärkung des Wirtschaftsstandorts Deutschland: Herstellung und Druck in Deutschland

Wissen auf den Punkt gebracht

Dieses Buch ist so konzipiert, dass Sie in kurzer Zeit prägnante und fundierte Informationen aufnehmen können. Mithilfe eines Leitsystems werden Sie durch das Buch geführt. Es erlaubt Ihnen, innerhalb Ihres persönlichen Zeitkontingents (von 10 bis 30 Minuten) das Wesentliche zu erfassen.

Kurze Lesezeit

In 30 Minuten können Sie das ganze Buch lesen. Wenn Sie weniger Zeit haben, lesen Sie gezielt nur die Stellen, die für Sie wichtige Informationen beinhalten.

- Schlüsselfragen mit Seitenverweisen zu Beginn eines jeden Kapitels erlauben eine schnelle Orientierung: Sie blättern direkt zu dem Thema, das Sie besonders interessiert.
- **Zahlreiche Zusammenfassungen innerhalb der Kapitel erlauben das schnelle Querlesen.**
- Ein Fast Reader am Ende des Buches fasst alle wichtigen Aspekte zusammen.
- Ein Register erleichtert das Nachschlagen.

Inhalt

Vorwort

Wir befinden uns am Anfang einer Digitalen Ära, aber führen Organisationen oft so, als befänden wir uns noch im Industriezeitalter. Viele Organisationen ringen damit, ihre traditionellen Geschäfts- und Arbeitsmodelle an die disruptiven Dynamiken dieser neuen Ära anzupassen. Damit einhergehend verändern sich die Anforderungen an ihre Führungskräfte und Mitarbeitenden in einer Weise, welche die direkte Übertragung von Managementansätzen aus dem Industriezeitalter auf das Digitale Zeitalter unmöglich macht. Dies gilt für jegliche Unternehmen und Organisationen.

Die meisten Organisationen werden zunehmend von der massiven Komplexität und Hypervolatilität des Digitalen Zeitalters überfordert und haben längst erkannt, dass sie in der heutigen schnelllebigen Welt insgesamt anpassungsfähiger werden müssen. Gefangen zwischen Denk- und Handlungsansätzen des Taylorismus und der Digitalen Ära, tun sie sich schwer, ihre Arbeitsweisen adäquat anzupassen. In unserer Beratung hören wir oft von isolierten Versuchen mit agilen Ansätzen: „Wir haben es mit agil versucht ... hat aber nicht funktioniert!" Oder: „Wir haben es mit OKR (Objectives and Key Results) versucht! ... Hat sich nicht durchgesetzt – war Arbeit on top!" Und: „Wir sind nicht Google." Die punktuelle und isolierte Einführung einer agilen Methodik wie Scrum oder Kanban ist oft nicht mehr als ein Feigenblatt, um sagen zu können: „Wir sind doch agil!", ohne die Essenz von Agilität wirklich verstanden zu haben. Isolierte agile Ansätze erfüllen oft nicht ihr Versprechen, das gesamte Unternehmen anpassungsfähiger zu machen. Was benötigt wird, ist ein kohärenter und konsistenter Ansatz, der das gesamte Unternehmen in die Transformationsreise einbezieht und dazu beiträgt, die Business Agility der gesamten Organisation zu verbessern. Die gesamte Organisation samt den handelnden Personen muss sich kollektiv und synchron verändern.

Gleichzeitig ist es für einige Manager und Organisationen als solche schwierig, die richtigen Konsequenzen aus dieser neuen Realität zu ziehen – aber es gibt kein Zurück zum „Business as usual". Deshalb ist Business Agility eine „Pflichtveranstaltung" – nur der Zeitpunkt, zu dem Sie starten, ist freiwillig.

In 30 Minuten werden Sie verstehen, welche Anforderungen eine erfolgreiche Transformation mit sich bringt und wie Sie die Hemmnisse überwinden können, um die Business Agility Ihres Unternehmens ganzheitlich und nachhaltig zu verbessern. Um die Arbeitswelt trotz hoher Volatilität und Unsicherheit attraktiver zu gestalten, Talente zu halten und zu gewinnen – und insgesamt die Arbeitswelt zu einem erfüllenderen Ort zu machen.

Gerald Draht & Erno Marius Obogeanu-Hempel

1. Business Agility

Es gibt viele agile Frameworks wie Scrum, SAFe®, OKR, Lean, LeSS, Scrum@Scale, Design Thinking, Flight Levels usw. Sie sind zum Teil schon über 30 Jahre alt und dennoch relativ neue Handlungsansätze, um Unternehmen zu helfen, sich schneller und besser an ihre Geschäftsumwelt und Kundenerwartungen anzupassen. Für solch „neue" Phänomene ist es entscheidend, dass wir zunächst ein Denk- und Verstehensmodell entwickeln, um die Mechanismen dessen, was wir gerade an disruptiven Dynamiken in der Geschäftswelt erleben, nachvollziehen zu können. Wir sehen einen großen Bedarf an einem übergreifenden Rahmenwerk, das alle agilen Methodologien kohärent und intelligent integriert – ein verbindendes Element, das wir in Business Agility sehen. „Business Agility" etabliert sich aktuell als einer dieser konzeptionellen Meta-Begriffe wie beispielsweise bei SAFe und Flight Levels. Mit diesem Buch möchten wir einerseits zum besseren Verständnis von Agilität beitragen und gleichzeitig ein Bewusstsein für die Handlungsfelder und Herausforderungen einer verbesserten Business Agility schaffen. In diesem Kapitel fassen wir die wesentlichen Dynamiken zusammen, aus welchen wir die Unausweichlichkeit einer systematischen Beschäftigung mit Business Agility ableiten.

1.1 Business Agility – eine Definition

Der Begriff „Business Agility" hat sich im Laufe der Zeit entwickelt. Eine frühe Erwähnung finden wir bei Michael Hugos (2009: Business Agility als organisationale Resilienz). Charlie Rudd legte in seinem Whitepaper „The Third Wave of Agile" aus dem Jahr 2016 dar, dass die Anfänge der Agilität mit dem Agilen Manifest von 2001 lediglich auf die Teamebene fokussiert waren. Mit der zweiten Welle im Jahr 2007, bekannt als „Agile at Scale" und repräsentiert durch Ken Schwabers „The Enterprise and Scrum", wurde Agilität auf weitere Teams und Teile der Wertschöpfungskette ausgedehnt. Die dritte Welle, die Rudd als „Business Agility" bezeichnet, zielt auf einen ganzheitlichen Ansatz ab, der über agiles Projektmanagement und Softwareentwicklung hinausgeht und alle unterstützenden Bereiche wie Rechtsabteilung, Marketing und Human Resources miteinbezieht.

2019 definierte Philipp von Bentivegni[*] Business Agility als Unternehmenskultur, die Agilität auf allen Ebenen integriert und für reibungslose Abläufe sorgt. Hierbei sind lokale agile Inseln nur ein Aspekt einer breiter angelegten, unternehmensweiten Agilität.

Schneller anpassen als andere
Business Agility ist die Fähigkeit einer Organisation, rasch und effizient auf eine Vielzahl von Veränderungen zu re-

---

[*] Präsentation auf dem Scrum-Day 2019, Titel: Business Agility – Die nächste Stufe der Agilität

agieren. Diese können Marktbedingungen, Kundenbedürfnisse, technologische Entwicklungen sowie interne und externe Faktoren wie gesetzliche oder umweltbedingte Veränderungen umfassen. Ziel ist es, sich schneller und effektiver als die Konkurrenz auf eine volatile Geschäftswelt einzustellen, den eigenen Fortbestand zu sichern und Wettbewerbsvorteile auszubauen.

Definition

Im Wesentlichen bedeutet Business Agility, dass eine Organisation in der Lage ist, ihre strategische Ausrichtung und das Geschäftsmodell schnell und regelmäßig zu ändern, ihre Organisationsmodelle, Arbeitsmodelle, Prozesse entsprechend effektiv und effizient anzupassen, diese Änderungen ohne Schaden für die Organisation umzusetzen, ein attraktives, motivierendes und inspirierendes Arbeitsumfeld für ihre Mitarbeitenden zu gestalten, um für ihre Kunden einen höheren Nutzen zu schaffen und ihre Märkte besser bedienen zu können.

Ebenenübergreifende Agilität

Business Agility basiert auf spezifischen Methoden und vor allem auf einer flexiblen Denk-, Management- und Führungsweise. Sie verlangt eine neue Unternehmenskultur, die Agilität auf allen Ebenen fördert und nahtlos integriert. Während für einige Unternehmen erhöhte Business Agility eine Überlebensfrage darstellt, nutzen Marktführer sie als Strategie, um ihre Spitzenposition auszubauen oder zumindest zu halten.

BWMs

Mit Geschäfts- und Arbeitsmodellen (engl.: Business and Working Models; kurz: BWMs) subsummieren wir alle organisationalen Aspekte von Denk-, Management-, Lösungs-Ansätzen, Haltungen, Grundannahmen, Menschenbildern, Führungsstilen, Organisationsansätzen und so weiter, die in Summe und stellvertretend die jeweilige Ära kennzeichnen.

Dritte Welle der Agilität

- Erste Welle: Fokus auf die Teamebene und interne Zusammenarbeit.
- Zweite Welle: Skalierung von Agilität auf mehrere Teams und größere Organisationsstrukturen.
- Dritte Welle (Business Agility): ein ganzheitlicher Ansatz, der über das reine Projektmanagement hinausgeht und alle Teile der Organisation einbezieht. Hier wird Agilität fest in der gesamten Organisation verankert und erhält dort eine klare Verortung mit einem robusten Mandat.

Business Agility bezeichnet die Fähigkeit einer Organisation, rasch und wirkungsvoll auf vielfältige Disruptionen zu reagieren, um einen nachhaltigen Wettbewerbsvorteil zu erzielen. Dies erfordert eine hochanpassungsfähige, agile Management- und Unternehmenskultur und bezieht sich nicht nur auf agile Teams, sondern auf die gesamte Organisation. Business Agility hat sich als ganzheitlicher, funktionsübergreifender Ansatz etabliert, der neben operativen Teams auch Bereiche wie Produkt, Marketing, Vertrieb und HR umfasst.

1.2 Die Agile Zeitenwende

Wir sehen uns mit mehreren grundlegenden Veränderungen gleichzeitig konfrontiert: globale Veränderungen wie Digitalisierung, neue Technologien, Klima, Gesellschaft, Energie, KI sowie lokale Veränderung wie Brexit, Energiewende, DSGVO. Diese erzeugen einen enormen und kontinuierlichen Anpassungsdruck auf Unternehmen und haben maßgeblichen Einfluss auf deren Geschäftsverlauf. Dieser Anpassungsdruck kumuliert sich zu noch nie da gewesenen geschäftlichen Herausforderungen und einem hohen Anpassungsbedarf sowie einem daraus resultierenden Transformationsdruck.

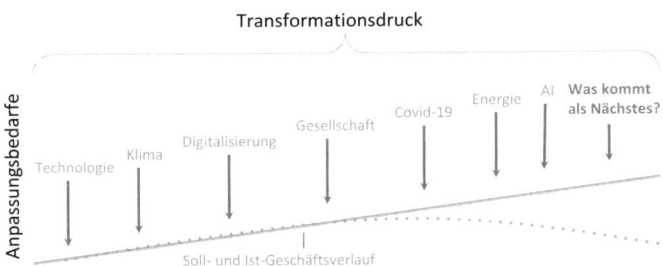

Abb. 1: Zunehmende Anpassungsbedarfe summieren sich zu einem nie da gewesenen Transformationsdruck auf Organisationen

Übergang von der Industriellen zur Digitalen Ära

Zahlreiche Unternehmen stellen fest, dass ihre herkömmlichen Arbeits- und Betriebsmodelle (BWMs) nicht mehr die gewünschten Ergebnisse liefern. Woran liegt das?

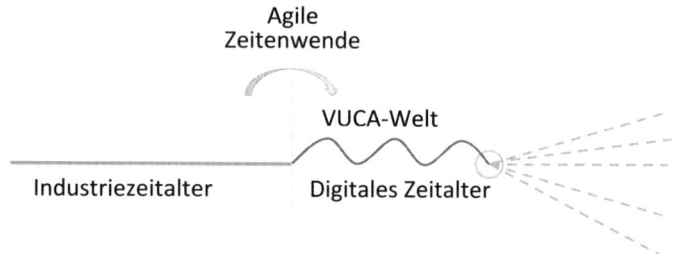

Abb. 2: Geschäftsverlauf in der Agilen Zeitenwende: von stabil zu chaotisch

Wir befinden uns derzeit im Übergang vom Industrie- ins Digitale Zeitalter. Das Industriezeitalter zeichnete sich durch eine überschaubarere, stabilere Geschäftswelt aus, in der Planbarkeit und Beständigkeit im Vordergrund standen. Im Gegensatz dazu ist das Digitale Zeitalter, in dem wir uns jetzt befinden, von rasanten Veränderungen, Digitalisierung und einer manchmal sogar chaotischen Geschäftsumgebung geprägt (VUCA = Volatility, Uncertainty, Complexity, Ambiguity – dt. Unbeständigkeit, Unsicherheit, Komplexität, Mehrdeutigkeit). Die Übertragung von Geschäfts- und Arbeitsmodellen aus dem Industriezeitalter auf die Lösung von Problemen des Digitalen Zeitalters ist ineffektiv.

Eine sich beschleunigende Dynamik
Den Übergang zwischen dem Industriezeitalter und dem Digitalen Zeitalter nennen wir die „Agile Zeitenwende" (engl.: Agile Inflection Point, AIP), die die Schwelle zwischen der alten und neuen Ära bezeichnet. Es ist ein globales Phänomen, in dem eine Organisation effektiv und effizient auf disruptive Veränderungen in ihrer Geschäftsumgebung

reagieren muss, um nicht zu scheitern. Die Dynamiken, die zur Agilen Zeitenwende geführt haben, werden nicht mehr verschwinden, sondern sie beschleunigen sich sogar, was den Anpassungsdruck auf Unternehmen und Führungskräfte in gleichem Maße weiter enorm erhöht. Diese einfache Unterscheidung zwischen Industrie- und Digitalem Zeitalter hilft uns, die BWMs beider Zeitalter in ihren Aspekten besser zu verstehen und zu erklären, weshalb sie nicht aufeinander übertragbar sind.

Hier eine **Veranschaulichung der Aspekte von BWMs** im Industriezeitalter vs. Digitales Zeitalter:

Aspekt	Industriezeitalter	Digitales Zeitalter
Unternehmens-vision	Unternehmenszentriert, fokussiert auf interne Prozesse; vereinzelte Kundenzentrierung	Betont radikale Kundenfokussierung
Strategie	Langfristige, detaillierte Planung	Adaptive, emergente Strategie, agil und anpassungsfähig
Strukturen	Top-down, hierarchisch, funktional organisiert	Orientiert an Value Streams, flexibel und weniger hierarchisch
Handlungsansatz	Funktionale Umsetzung, klare Aufgabenverteilung	Crossfunktionales Alignment, multidisziplinäre Teams
Prozesse	(Hoch) Standardisiert	Schnelle Iteration, Experimentieren, kontinuierliches Lernen
Rolle der Mitarbeiter	Ausführende von vorgegebenen Aufgaben	Kern der Wertschöpfung und Innovation
Veränderungen	Episodisch	Kontinuierlich

Die Agile Zeitenwende markiert einen hypothetischen Übergang vom Industriellen ins Digitale Zeitalter. Die vielen Disruptionen, die zu diesem Übergang geführt haben, erfordern einen ganzheitlichen Lösungsansatz von Organisationen. Dieser umfasst sowohl die strategische Ausrichtung als auch die BWMs (Business and Working Models), die Kultur und Denkweisen in einer Organisation. Nur indem Organisationen und ihre handelnden Personen kollektiv die Agile Zeitenwende akzeptieren, werden sie in der Lage sein, diesen Lösungsansatz gemeinsam zu entwickeln, um ihre Business Agility zu steigern und sich in der schnelllebigen und sich ständig verändernden Geschäftswelt zu behaupten.

1.3 Die 3 Phasen der Agilen Zeitenwende

Die Agile Zeitenwende lässt sich in drei Phasen unterscheiden, anhand derer sich gut einschätzen lässt, in welcher sich eine Organisation gerade befindet, und die sich anhand zweier Kipp- oder Wendepunkte (engl.: Inflection Points) voneinander abgrenzen.

PHASE 1: Positiver Geschäftsverlauf im Industriezeitalter
Diese Phase nennen wir die Komfortzone, in welcher die Anpassungsfähigkeit der Organisation größer ist als der Transformationsdruck. In dieser Phase ist die Organisation in der Lage, ihren positiven Geschäftsverlauf fortzuführen. Sie kann die **episodischen Anpassungsbedarfe** noch gut

meistern und im Rahmen ihrer bestehenden Ressourcen und Fähigkeiten effektiv und effizient lösen. Der Rest des Systems bleibt relativ stabil.

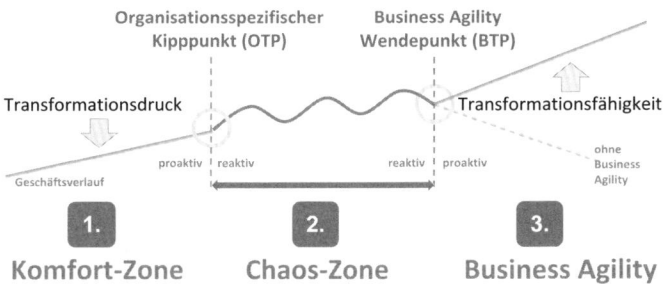

Abb. 3: Die 3 Phasen der Agilen Zeitenwende

Übergang 1: Der Organisationsspezifische Kipppunkt

Wir definieren den Organisationsspezifischen Kipppunkt (engl.: Organization Specific Tipping Point, OTP) als den kritischen Zeitpunkt, an dem der Transformationsdruck so stark ansteigt, dass das Verhältnis von Transformationsdruck zu Anpassungsfähigkeit einer Organisation negativ wird. Dieser Punkt ist organisationsspezifisch, da er nicht nur von allgemeinen, globalen Ereignissen beeinflusst wird, sondern auch von den spezifischen Gegebenheiten des Branchenumfelds einer Organisation abhängt. Unsere Beratungserfahrung zeigt zudem, dass innerhalb einer Branche der Transformationsdruck von Organisation zu Organisation variieren kann. Das Erreichen des OTP ist weniger eine Zeitfrage als vielmehr die Anerkennung einer bestehenden grundlegenden Veränderung im Geschäftsumfeld.

Sie erfordert einen signifikanten Wandel in der Unternehmensführung und Betriebsweise. Da sich Bereiche und Teams innerhalb einer Organisation unterschiedlich entwickeln, kann das Eintreten des OTP variieren und zeitlich gestaffelt sein. Der OTP markiert den Punkt, an dem externe und interne Anpassungserfordernisse in ihrer Kombination die Anpassungsfähigkeit einer Organisation übersteigen. Ab diesem Zeitpunkt beginnt die Chaos-Zone.

PHASE 2: Die Chaos-Zone

Mit „Es herrscht Chaos" (engl.: „chaos reigns") beschrieb Andy Grove (1996) eines der Merkmale, woran Unternehmen bemerken, dass sie einen strategischen Wendepunkt (engl.: Strategic Inflection Point) erreicht haben. Der OTP ist eine Summe und Überlagerung solch strategischer Wendepunkte. In dieser Phase sehen wir oft, dass viel Arbeitskraft, Zeit und intellektuelle Energie investiert und verschwendet werden. Einzelne Teams beginnen, agile Praktiken einzuführen. Manchmal geschieht dies professionell, aber isoliert vom Rest der Organisation. In vielen Fällen reagieren Organisationen und ihre Entscheider mit unvollständigem Wissen und ohne ein tiefes Verständnis für die Dynamiken der Agilen Zeitenwende und deren Prinzipien.

Der Graben wird breiter

In der Chaos-Zone zeigt sich die gesamthafte Diskrepanz zwischen den Prinzipien des Industrie- und des Digitalzeitalters deutlich. Während viele Führungskräfte noch traditionell denken und handeln, adaptieren andere agilere

Arbeitsmodelle, isoliert als Insellösungen. Dieser Unterschied polarisiert, verursacht Konflikte und verschwendet wertvolle Zeit in endlosen Methodendiskussionen; und Zeit ist ein kostbares Gut im Digitalzeitalter.

Aufkommende Diskussionsthemen

Das Eintreten in die Chaos-Zone ist durch verschiedene Anzeichen gekennzeichnet, wobei das Hauptmerkmal ein generelles Durcheinander innerhalb der Organisation ist. In dieser Phase entstehen häufig intensive, kontroverse und hierarchieübergreifende Diskussionen über die Richtung und Methoden:

- Existieren der Agile Wendepunkt und der OTP überhaupt?
- Wie sind wir betroffen?
- Haben wir den OTP schon erreicht?
- Können wir nicht so weitermachen wie bisher?
- Betreffen agile Methoden nicht nur die IT?

Die TOP-7-Merkmale für den Eintritt in die Chaos-Zone:

1. **Sinkende Margen und andere Indikatoren** zeigen, dass die aktuelle Geschäftsstrategie nicht mehr tragfähig ist.
2. **Verändertes Kundenverhalten:** Kunden ändern ihre Erwartungen und Verhaltensweisen in einer Weise, welche die bestehenden Geschäftsmodelle und Dienstleistungen infrage stellen.
3. **Agile Bottom-up-Initiativen in der Organisation**: Mitarbeiter beginnen, agile Praktiken auf eigene Faust einzuführen, oft ohne Koordination oder Unterstützung von oben.
4. **Experten sind dem Management voraus:** Fachleute, insbesondere diejenigen im direkten Kundenkontakt,

sind in ihrer Akzeptanz des Agilen Wendepunkts dem Management weit voraus.

5. **Wachsende Diskrepanz zwischen Organisationskultur und Anforderungen**: Die Kultur der Organisation hinkt den vielfältigen und sich schnell ändernden Anforderungen der Geschäftswelt hinterher.

6. **Sinkendes Engagement und erhöhte Fluktuation**: deuten auf eine unzufriedene Belegschaft und ineffiziente Abläufe hin.

7. **Widerstand gegen schlecht eingeführte Agile Transformationen:** Führungskräfte zeigen Widerstand gegen agile Methoden und Veränderungen oder verstehen die Tragweite des Anpassungsdrucks nicht ausreichend, was die Anpassungsfähigkeit der Organisation hemmt.

Diese Merkmale können als wichtige Indikatoren dafür dienen, dass eine Organisation ernsthafte Anpassungen vornehmen muss, um im Digitalen Zeitalter erfolgreich zu sein. Dies ist der Zeitpunkt, an dem das Schicksal eines Unternehmens und die Fähigkeit der Führungskräfte, ihr Unternehmen durch die Chaos-Zone zu führen, untrennbar miteinander verwoben sind; auf dieses Thema werden wir später noch näher eingehen.

Überprüfen Sie Ihr Unternehmen auf OTP/Chaos-Zone mit unserem kostenlosen **OTP-Check-Tool:** business-agility.info/30min

Übergang 2: Der Business Agility Wendepunkt

Der Moment, in dem eine Organisation beginnt, sich ganzheitlich mit der Agilen Zeitenwende und deren Folgen auseinanderzusetzen, stellt einen weiteren entscheidenden Wendepunkt dar. An diesem kritischen Punkt im Organisationslebenszyklus wird dem Top-Management deutlich – oder es sollte zumindest deutlich werden –, dass der bisherige Managementansatz an seine Grenzen stößt. Hier beginnt die Schere zwischen dem Transformationsdruck, dem die Organisation ausgesetzt ist, und ihrer Fähigkeit zur Transformation zunehmend größer zu werden. Gleichzeitig steht das Managementteam vor der Entscheidung, ob die Organisation in der Chaos-Zone verharrt oder Business Agility einsetzt, um den wachsenden Transformationsdruck erfolgreich zu bewältigen und sich adaptiv sowie resilient weiterzuentwickeln. Die spezifischen Auswirkungen der Agilen Zeitenwende erfordern eine klare, kollektive, passgenaue Antwort der Organisation. Diese bewusste Entscheidung des Managements bezeichnen wir als **Business Agility Wendepunkt** (engl.: Business Agility Turning Point, BTP).

In dieser Situation hat das Führungsteam drei Optionen:
1. Leugnung der Konsequenzen der Agilen Zeitenwende: Entscheidung gegen den BTP, mögliche Verschärfung negativer Effekte.
2. Vermeidung einer Entscheidung: Jede Verzögerung verschlimmert die Lage und fördert den organisatorischen Abschwung. (Siehe Kapitel 1.6 Transformations-Schuld)

3. Akzeptanz der Agilen Zeitenwende: Bewusste Entscheidung für den BTP und Schaffung eines neuen Fundaments für nachhaltigen Erfolg.

PHASE 3: Business Agility

Erst mit dem Überschreiten des BTP beginnt eine Organisation, ihre strategische Richtung und BWMs proaktiv zu gestalten, um eine erhöhte Anpassungsfähigkeit zu erreichen. Diese Entscheidung muss eine ganzheitliche sein. Isolierte und punktuelle Intervention, wie aktuell oft in Organisationen gesehen, werden scheitern. Erst wenn die Führungsmannschaft eines Unternehmens aktiv und kollektiv diesen Erkenntnispunkt durchschreitet, kann Business Agility als transformativer und ganzheitlicher Prozess begonnen werden. Der Business-Agility-Ansatz hilft, die wahrgenommene Lücke zwischen operativer Exzellenz (Was) und Agilität (Wie), zwischen Leistungs- und Anpassungsfähigkeit zu schließen. Dieser Punkt bedeutet nicht, dass alle Arbeiten innerhalb einer Organisation mit agilen Methoden gelöst werden müssen. Das BWM insgesamt muss agil sein.

Die Agile Zeitenwende lässt sich in drei Phasen unterteilen, welche durch zwei Übergangspunkte gekennzeichnet sind. Diese werden von typischen Merkmalen begleitet, anhand derer sich überprüfen lässt, in welcher Phase oder an welchem Punkt sich eine Organisation befindet.

1.4 Die 5 Charakteristika der Agilen Zeitenwende

Andy Groves Behauptung, dass „die Führung einer Organisation durch einen strategischen Wendepunkt ein Marsch durch unbekanntes Gebiet ist", trifft unverändert auf den Agilen Wendepunkt zu: Die Spielregeln für erfolgreiches unternehmerisches Handeln und Arbeiten sind noch nicht klar. Uns fehlt eine mentale Landkarte, um uns in der neuen Umgebung sicher zu bewegen, besonders wenn sich mehrere disruptive Dynamiken überschneiden/überlappen und die Intensität und Komplexität rasant ansteigt. Um in der Agilen Zeitenwende zu navigieren, ist ein tiefes Verständnis der Besonderheiten der Agilen Zeitenwende nötig, die durch **fünf Schlüssel-Charakteristika** definiert ist:

1. Neuartigkeit: Die Neuartigkeit von Ereignissen bedeutet, dass uns Vergangenheitsdaten und damit Informationen für den Umgang mit diesen Ereignissen fehlen. Das heißt, dass wir keine Blaupausen für deren Lösung haben. Die Denkweise des Industriezeitalters, die auf Ursache-Wirkungs-Beziehungen, Risikoanalysen und Aufbau von Robustheit basierte, reicht heute nicht mehr aus. Wegen der steigenden Unvorhersehbarkeit von Marktdynamiken und Kundenreaktionen sind traditionelle Prognosemethoden unzureichend. Unternehmen sind mit nie zuvor da gewesenen Herausforderungen konfrontiert, ohne auf vorgefertigte Lösungen zurückgreifen zu können. Denken wir beispielsweise an die Einführung/den Start von ChatGPT im November 2022 oder den ersten Pandemie-Lockdown im März 2020. Solche disruptiven Technologien oder Ereignisse können nicht mit dem klassischen Denken bewältigt werden. Wir erleben, dass solche Disruptionen sich dem bisherigen Denk- und Managementansatz entziehen. Sie erfordern frische „Thinking outside the box"-Ansätze, die echte Innovation fördern. Um mit zukünftigen Herausforderungen Schritt halten zu können, müssen Unternehmen flexibel sein, sich anpassen und aus unerwarteten Situationen lernen.

2. Hohe Auswirkung (engl.: High Impact): Die anhaltenden Krisen und weltverändernden Ereignisse, die wir erleben, sind tatsächlich Ereignisse mit hohen globalen und unternehmerischen Auswirkungen. Unter solchen Umständen wird es zwingend notwendig, Planungs- und Ausführungsrisiken effektiv zu managen. Zum Beispiel die Lieferkettenprobleme, die durch die Pandemie ausgelöst wurden, und die Energie- oder Lebensmittelkrise infolge des Kriegs in der Ukraine ab Februar 2022.

3. Frequenz (Häufigkeit): Das Tempo des Wandels hat sich erheblich beschleunigt, was eine schnelle adaptive Reaktion von Organisationen erfordert. Diese neuartigen Ereignisse mit hoher Tragweite treten zudem immer häufiger auf und können nicht länger als statistische Ausreißer betrachtet werden (exponentielle Entwicklungen in der IT und Wissenschaft). Daher müssen Organisationen sich der Realität anpassen, dass das Management dieser Ereignisse nun ein regelmäßiger Teil ihrer Geschäfts- und Arbeitsabläufe (BWMs) ist. Es wäre zu aufwendig und teuer, sich auf alle potenziell möglichen Ereignisse vorzubereiten (Robustheit) – die Lösung kann nur eine signifikant gesteigerte Widerstandsfähigkeit (Resilienz) sein.

4. Interdependenz: Tiefgreifende Transformationen in einer Organisation sind komplex und beeinflussen nicht nur interne Abläufe, sondern auch externe Beziehungen wie die mit Kunden und Lieferanten. Diese Transformationen erfordern daher ein Bewusstsein für die gegenseitigen Abhängigkeiten und eine koordinierte Reaktion darauf.

In der globalisierten Welt sind wirtschaftliche, technologische und gesellschaftliche Dynamiken eng miteinander verknüpft. Ein Ereignis in einem Bereich kann weitreichende Auswirkungen auf andere haben, weshalb Unternehmen vor komplexen Herausforderungen stehen. Ein isoliertes Vorgehen in einem Unternehmensbereich ist daher nicht zielführend. Vielmehr ist eine ganzheitliche Strategie erforderlich, die eine synchronisierte Zusammenarbeit zwischen verschiedenen Hierarchieebenen, Abteilungen und Teams einschließt, um effektiv auf diese vernetzten Herausforderungen zu reagieren.

5. Synchronizität: Sie spielt eine entscheidende Rolle beim OTP, da sie durch das simultane Auftreten von Ereignissen mit hoher Auswirkung verursacht wird. Das Zusammenwirken zahlreicher, gleichzeitiger dynamischer Faktoren schafft eine komplexe Managementherausforderung, die die traditionellen Ursache-Wirkungs-Beziehungen der Vergangenheit sprengt, die bisher bei weniger dynamischen Faktoren noch anwendbar waren.

Eine verbesserte Business Agility muss eine Antwort auf alle fünf wesentlichen Charakteristika der Agilen Zeitenwende gleichzeitig formulieren. Um im Digitalen Zeitalter erfolgreich zu navigieren, müssen Organisationen ihre Organisationsform und das BWM mit allen Aspekten des Digitalen Zeitalters in Einklang bringen. Das Verständnis und die Berücksichtigung der fünf Charakteristika der Agilen Zeitenwende sind wesentlich, damit Organisationen ihre BWMs erfolgreich transformieren können.

1.5 Sie können sich dieser Auseinandersetzung nicht entziehen

Abb. 4: Signifikante Zunahme unwahrscheinlicher Vorkommnisse mit großer Tragweiter für Organisationen; nach Dave Snowden, 2011

Sogenannte Schwarze Schwäne sind höchst unwahrscheinliche Vorkommnisse mit schwerwiegenden Folgen für ein Unternehmen, wenn sie einträten (Snowden, 2011). Wir alle erleben eine scheinbar unaufhörliche Zunahme solcher Vorkommnisse – in Frequenz und Intensität.

Handlungsreflexe auslösende Geschäftsereignisse

Alle Ereignisse und die damit verbundenen Managementprobleme unterliegen einer Gauß'schen Normalverteilung. Das Diagramm zeigt die Höhe der Eintrittswahrscheinlichkeit bezogen auf die Tragweite eines externen Ereignisses auf eine Organisation. Unternehmen und ihre Manager haben für solche wahrscheinlichen Ereignisse Handlungsreflexe aufgebaut, sog. Best Practices. Das heißt, dass alle Ereignisse, die vor oder in die Business Reflex Zone fallen, mit den bestehenden Managementansätzen und Arbeitsmodellen bewältigt werden können. Sie basieren auf einem nachvollziehbaren Ursache-Wirkungs-Zusammenhang, welcher hilft, Risiken durch unternehmerische Robustheit zu minimieren, um Probleme zu lösen. Doch was ist mit Business-Ereignissen, die am anderen Ende der Skala liegen?

Schauen wir uns die drei wesentlichen Kurvenbereiche im Einzelnen an:

1. **Ereignisse mit niedriger Wahrscheinlichkeit und geringen Auswirkungen**: Diese Ereignisse erfordern keine besondere Vorbereitung, da sie bei Auftreten leicht gemanagt werden können.

2. **Ereignisse mit hoher Wahrscheinlichkeit und mittleren Auswirkungen**: Wir bezeichnen diesen Entscheidungsraum Business Reflex Zone. Solche Ereignisse umfassen alltägliche Herausforderungen wie Wettbewerberaktionen, Preisänderungen oder Lieferantenverhandlungen. Für komplexere Situationen nutzen Unternehmen ein Szenario-Management, um mögliche Handlungspläne durchzuspielen, mit deren Hilfe sich etwaige Risiken mitigieren lassen.

3. **Ereignisse mit geringer Wahrscheinlichkeit und großen Auswirkungen (sog. Schwarze Schwäne*).** Diese disruptiven Ereignisse werden zur neuen Normalität und treten immer häufiger ein. Beispielsweise das Auftreten neuer Wettbewerber, technologische Fortschritte, Konflikte, Energiekrisen, Stromausfälle, gerissene Lieferketten, die COVID-19-Krise, Finanzkrisen, zunehmende Flüchtlingsströme und mehr. Die Herausforderung liegt nicht nur in der zunehmenden Vielzahl dieser Ereignisse, sondern auch in ihrer Komplexität, die das traditionelle Ursache-Wirkungs-Denken übersteigt. Snowden erklärt, wie früher diese statistischen Ausreißer eine niedrige, jetzt eine mittlere Eintrittswahrscheinlichkeit haben – das „Fat Tail"**-Problem. Diese Ereignisse erfordern einen neuen Management-Ansatz.

---

*   Zur Erläuterung siehe z. B. die Erklärung bei Wikipedia: https://de.wikipedia.org/wiki/Black_Swan_(Risiken)

** Fat Tails (das „dicke Ende") beschreiben die Extreme einer Wahrscheinlichkeitsverteilung, die im Vergleich zu dem, was wir von einer Normalverteilung erwarten würden, stark verzerrt ist.

Das größte Risiko für Unternehmen sind die Verringerung der Vorhersagbarkeit und die Unmöglichkeit langfristiger Planungen. Dabei kann jedes unvorhersehbare Ereignis erhebliche strategische Auswirkungen haben, ohne dass es frühere Erfahrungen oder Best Practices als Leitfaden gibt. Eine Vorbereitung auf solche möglichen Ereignisse ist entweder nicht möglich oder zu aufwendig, nur eine gesteigerte Resilienz aus einer verbesserten Business Agility heraus kann hier weiterhelfen.

1.6 Folgen der Untätigkeit – aufgelaufene Transformations-Schuld

Der OTP markiert den Übergang einer Organisation von einem proaktiven (noch handhabbaren) in einen reaktiven Handlungsmodus: Führungskräfte und Mitarbeitende in der Organisation werden von den sich überlagernden Anpassungsbedarfen vor sich hergetrieben. Die bisherigen Coping-Mechanismen des Industriezeitalters beginnen zu scheitern. Die Organisation muss immer mehr Zeit und Ressourcen auf Krisenreaktionen verwenden, welche dann zur Aufrechterhaltung der bisherigen Geschäftsgrundlage fehlen. Die Organisation beginnt, ihre Reserven aufzubrauchen. Wir nennen das auch die „Proaktiv-Reaktiv-Schwelle", weil ab diesem Zeitpunkt ohne Business Agility nur noch reaktiv gehandelt werden kann. Ab hier riskiert eine Organisation ihre gesamte Geschäftsgrundlage. Sie beginnt „Transformations-Schuld" aufzubauen.

Der Preis für spürbare Anpassungsdefizite

Mit dem Begriff Transformations-Schuld bezeichnen wir das angesammelte Change- bzw. Transformations-Defizit von Unternehmen, das sich aus notwendigen, aber nicht durchgeführten Veränderungen ergibt. Transformations-Schuld bezeichnet den Preis, den eine Organisation später, und sogar „verzinst", bezahlt, wenn sie notwendige Veränderungen oder Anpassungen aufschiebt oder nur teilweise umsetzt.

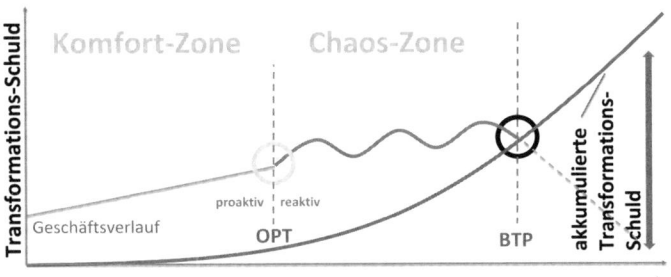

Abb. 5: Transformations-Schuld (engl.: Transformational Debt)

Die Idee von der Transformations-Schuld baut auf dem Konzept der „Technischen Schuld" (engl.: Technical Debt) aus der Software-Welt auf und überträgt dies auf den breiteren Kontext von Business Agility. Wie bei einer finanziellen Schuld ist eine Organisation nicht in der Lage, aus eigenen Mitteln zu agieren, nimmt einen „Anpassungs-Kredit" auf und zahlt Zinsen in Form von erhöhtem Aufwand für spätere Korrekturen und Erweiterungen. Je länger die Schuld besteht, desto mehr Zinsen fallen an.

> **Transformations-Schuld = (Transformationsdruck - Transformationsfähigkeit) * Verzinsung**

Eine zu geringe Transformationsfähigkeit bzw. Business Agility erhöht dieses Defizit und vergrößert die Herausforderungen, die mit den sich ändernden Marktbedingungen einhergehen. Erst mit zunehmender Transformationsfähigkeit, beginnend mit dem Überschreiten des Business Agility Wendepunkts (BTP) und der damit verbundenen bewussten Entscheidung, wieder proaktiv zu werden, wird damit begonnen, Transformations-Schuld abzubauen. Dieser Abbau wird umso teurer, je später sich eine Organisation aktiv zum BTP entscheidet. Sie riskiert damit ihre gesamte Geschäftsgrundlage. Der Fortbestand der Organisation ist in Gefahr und eine Disruption droht.

Mit dem Überschreiten des OTP (engl.: Organization Specific Tipping Point, OTP) und dem Eintritt in die Chaos-Zone riskiert eine Organisation ihre gesamte Geschäftsgrundlage und beginnt, Transformations-Schuld aufzubauen. Diese entspricht der Summe der aufgelaufenen Nichtanpassungen an die spezifischen Transformationsdrücke, die auf der jeweiligen Organisation lasten. Nur die internen Transformationsfähigkeiten einer Organisation, nämlich ihre Business Agility, können diese Transformations-Schuld maßgeblich verringern.

1.7 BWMs: nicht „One size fits all", sondern „Fit for Purpose"

Die Anwendung einer guten, aber unpassenden Lösung für ein Problem führt dazu, dass das Problem nicht gelöst wird. Zu dem bestehenden Problem kommt als Weiteres die unpassende Lösung hinzu. Dazu kommt noch, dass mit jedem schlecht durchdachten Fehlversuch die Stimmung in den Keller geht! Ein wesentliches Problem der bisherigen Agilisierungsansätze ist eine unpassende Methoden-Übertragung (engl.: Method Mismatch), bei der Methoden von einem Kontext in einen anderen übertragen werden, ohne dessen Passung zu prüfen. Alle Problemlösungen müssen „Fit for Purpose" sein. Es gibt kein „One size fits all". Um diese Frage der Passung zu erörtern, nutzen wir die Stacey-Matrix als Erklärmodell.

Die Stacey-Matrix als Verstehensmodell

Eine hilfreiche Methode, den oben beschriebenen Wandel zu veranschaulichen und später auch mit BWMs zu navigieren, ist die Stacey-Matrix.

Diese Matrix bildet die Anforderungen an ein Produkt oder eine Dienstleistung sowie deren Umsetzung/Herstellung mittels passender Technologien und eines passenden Geschäftsmodells (Lösung) ab. Daraus ergeben sich vier Flächen/Bereiche (Arbeitsumgebungen/Aufgabenstellung), die unterschiedliche BWMs zur Bewältigung ihrer jeweils sehr spezifischen Anforderungen und genutzten Lösungsansätze erfordern:

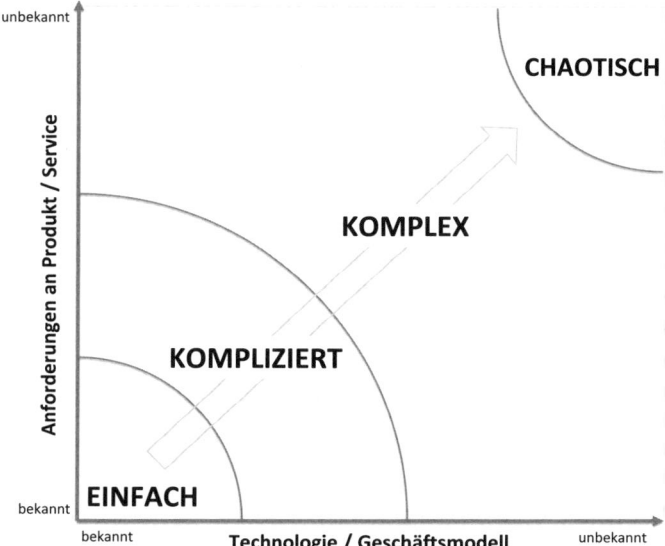

Abb. 6: Stacey-Matrix

1. **Einfach:** Bekannte Anforderungen und Lösungen basieren auf etablierten Praktiken, z. B. Frittieren von Pommes frites bei einem Schnellimbiss. Die Umsetzung erfolgt mit Best Practices bzw. Standard Operating Procedures (SOPs).

2. **Kompliziert:** Die etwas unklareren, aber dennoch weitreichend bekannten Anforderungen und Lösungen erfordern Expertenwissen, z. B. die mechanische Uhrenherstellung. Die Umsetzung erfolgt plan- und vorhersehbar.

3. **Komplex:** In der Komplex-Zone der Stacey-Matrix ist die Unsicherheit sowohl bei Anforderungen als auch bei Lösungen extrem hoch. Hier versagen traditionelle Metho-

den wie Best Practices oder standardisierte Prozessabläufe. Stattdessen sind kreative, agile Ansätze mit Feedbackschleifen und Lernzyklen erforderlich, um sich an wechselnde Bedingungen anzupassen, wie zum Beispiel bei der Implementierung einer E-Commerce-Lösung. Traditionelle Methoden wie das Wasserfallmodell im Projektmanagement sind ungeeignet für solche komplexen Herausforderungen. Sie können nicht flexibel auf veränderte Anforderungen reagieren, was das Projekt zum Scheitern bringen kann. Der Übergang zu höheren Komplexitätsgraden markiert oft den Organizational Turning Point (OTP) einer Organisation. In dieser Phase wird klar, dass Business Agility nicht nur wünschenswert, sondern notwendig ist, um den neuen Herausforderungen erfolgreich zu begegnen.

4. **Chaotisch:** Die extrem hohen Unklarheiten und Unsicherheiten in puncto Anforderungen und Lösungen erlauben nur einen Ausweg: Stabilisierung der Situation und Überführung in eine komplexe Aufgabenstellung.

Verschiebung der Denk- und Handlungsparadigmen verstehen
Der oben beschriebene evolutionäre Wandel in BWMs ist nicht nur eine Reaktion auf technologische Veränderungen oder Veränderungen in Geschäftsmodellen, sondern auch ein Spiegelbild der Art und Weise, wie Organisationen denken und arbeiten. Mit der Stacey-Matrix können wir diese Verschiebungen hin zu komplex bzw. chaotisch besser verstehen und entsprechend navigieren.

ORGANISATIONS-DIMENSIONEN	KLAR	KOMPLIZIERT	KOMPLEX
WISSEN	Top-Management	Fachexperten	Dezentral
PLANUNG	5-10 Jahre	3-5 Jahre	2-4 Monate
BUDGET	Jahresbudget, Abteilung	Jahres- und Projektfinanzierung	Pro Value Stream, Quartalsbudgets
ORGANISATION	Funktionale Silos	Matrix	Kundenfokussierte Wertströme
ARBEITSANSATZ	Fragmentiert	Prozessorientiert	Interdisziplinär
FÜHRUNG	Top-down, hierarchisch	Strategieausführend	Servant Leadership
MITARBEITER	Befehlsempfänger		Wertschöpfer
PROBLEMLÖSUNG	Ursache-Wirkung: Sehen/Verstehen/Handeln	Analysieren/Verstehen/Lösen	Experimentieren – Messen – Experimentieren
RISIKOMANAGEMENT	Risikoavers	Szenariobasiert	Teil der Innovation
ARBEIT FÜR	Lebensunterhalt, Existenzsicherung	Wohlstand	Selbstverwirklichung
BINDUNG	Der Vertrag: Zeit & Arbeit für Geld	Fachliche Herausforderung	Purpose des Unternehmens
KUNDENFOKUS	Gering, Produktionsfokus	Wachsend, höhere Erwartungen an Lieferzeit, Qualität, Kosten	Radikal, als Start- und Endpunkt der Geschäftstätigkeit

In der Tabelle auf Seite 35 haben wir die Verschiebung der Denk- und Handlungsmuster anhand einiger beispielhafter organisatorischer Dimensionen veranschaulicht.*

Im Digitalen Zeitalter haben sich Geschäftsprozesse von vorhersehbar zu komplex und chaotisch gewandelt. Traditionelle BWMs sind nicht mehr ausreichend, um mit diesen Anforderungen insgesamt umzugehen. Agile Frameworks, die iterative und anpassungsfähige Ansätze nutzen, helfen, diese neuen, komplexen Herausforderungen erfolgreich zu meistern. BWMs müssen vor allem Fit for Purpose sein.

1.8 Agile Frameworks schaffen vorübergehende Stabilität und Ordnung im Chaos

Das Digitale Zeitalter wird geprägt bleiben von Dauer-VUCA/BANI-Zuständen (BANI = Brittle, Anxious, Non-linear, Incomprehensible). Damit kommen Organisationen und Menschen nicht zurecht. Beide brauchen kurze Phasen der Stabilität, um funktionieren zu können. Organisationen benötigen diese „angepasste Stabilität" für die Ausrichtung und Umsetzung ihrer Strategien: Finanzierung, Planung, Produktion und Delivery. Mitarbeitende benötigen solche Phasen der Stabilität nicht nur für die Umsetzung der Stra-

---

* „Chaotisch" haben wir bewusst ausgeklammert, weil der Handlungsansatz hier darin besteht, die Situation schnell und entschlossen zu stabilisieren, um dann mit dem bestehenden BWM eine Lösung zu finden.

tegien und der wertschöpfenden Arbeit, sondern zusätzlich für die psychologische Hygiene sowie für die kognitiven, physiologischen und sozialen Prozesse.

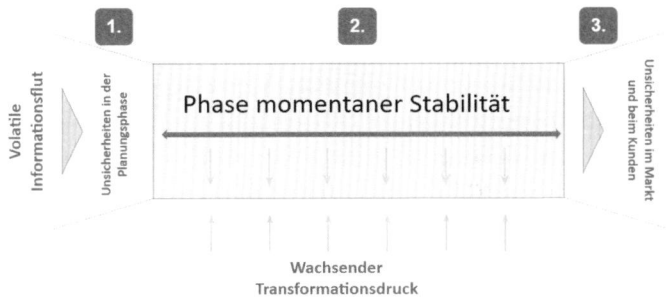

Abbildung 8: Dual Cone of Uncertainty

Dual Cone of Uncertainty
Um die Herausforderungen mit den Unsicherheiten des Digitalen Zeitalters noch besser verdeutlichen zu können, haben wir in unserer Beratung das Modell des „Dual Cone of Uncertainty" entwickelt, in Anlehnung an den „Cone of Uncertainty", der auf eine Studie der NASA zurückgeht, bei der man herausfand, wie mit zunehmender Planung die Unsicherheiten in einem Projekt sinken.

Das ursprüngliche Modell befasste sich nur mit den **Unsicherheiten in der Planungsphase**. Mit Voranschreiten eines Projekts reduzierten sich diese und das Projekt ließ sich gemäß der Planung umsetzen. Mit dem Eintritt in das Digitale Zeitalter sind zwei weitere Unsicherheiten hinzugekommen:

- **Unsicherheiten während der Umsetzungsphase**: Permanente Veränderungen in der Geschäftsumwelt stören vor allem lange Umsetzungsphasen. Jeden Tag kommen neue Technologien, digitale Anwendungen, neue Materialien, neue Kundenwünsche hinzu.
- **Damit einhergehend Unsicherheiten im Abnehmermarkt.** Zu lange Produktions- und Lieferphasen bergen das Risiko in sich, am Bedarf der Kunden vorbei zu planen und zu arbeiten.

Wir nutzen dieses erweiterte Modell, um auf einen weiteren, deutlichen Wandel hinzuweisen: Der Fokus verschiebt sich von der Planung, die im industriell geprägten Zeitalter vorherrschend war, zu einem dynamischeren Ansatz, der Kunden und Abnehmer stärker berücksichtigt. Um sowohl Planungs- als auch Abnehmer-Risiken zu reduzieren, legen agile Modelle ein verstärktes Gewicht auf die Interaktion und das Feedback von Kunden und Abnehmern. Dem Kundenfeedback kommt nicht nur eine gestiegene Relevanz zu, sondern in agilen Modellen werden die Interaktion unserer Kunden mit unseren Angeboten sowie ihre Wünsche zu deren weiterer Verbesserung proaktiv in die Produktgestaltung einbezogen. Darüber hinaus nutzen wir dieses Modell, um auf die Notwendigkeit von stabilisierenden Phasen hinzuweisen, in welchen die eigentliche Wertschöpfung einer Organisation stattfindet. Die Assoziation von Agilität mit methodischem Durcheinander rührt oft von der Übertragung traditioneller, Industriezeitalter-geprägter Ansätze auf die Herausforderungen des Digitalen Zeitalters und umgekehrt her. Business Agility bedeutet nicht Chaos, sondern steht im Gegenteil dafür, effektiv Ordnung im Chaos zu schaffen.

Besondere Anforderungen an BWMs im Digitalen Zeitalter

Die Komplexität der Aufgabenstellung (vgl. Stacey-Matrix) erfordert eine völlig andere Herangehensweise, als wir sie aus dem industriell geprägten Zeitalter kennen: Die Agile Zeitenwende verlangt eine zeitliche Verdichtung unserer Planungs-, Arbeits- und Markteinführungsphasen, um Unsicherheiten (Risiken) zu reduzieren. Wir müssen alle bisherigen strategischen Planungen, Initiativen zu deren Umsetzung und jede Arbeitsplanung nach wie vor ausführen, nur unter gänzlich veränderten Voraussetzungen. Alle Entscheidungen und Arbeitsvorgänge in einer Organisation sind davon betroffen. Je nach Reichweite der Entscheidungen und Produktarten passen sich die Iterationsphasen zeitlich an.

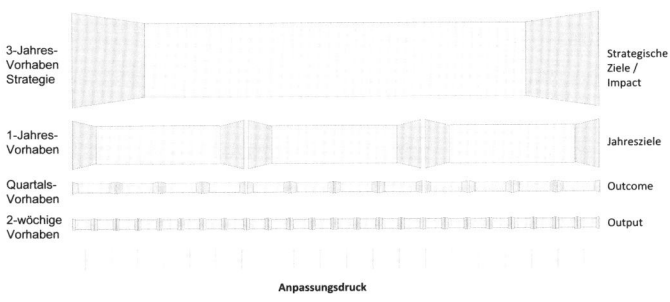

Abb. 7: Stabilität in Volatilität – Verdichtung der Planungs-, Arbeits- und Markteinführungsphasen auf den unterschiedlichen Ebenen

Balance zwischen Stabilität und Agilität

Unternehmens- bzw. Organisationsstrategien und ihre Umsetzung müssen an die Agile Zeitenwende angepasst werden und unterliegen daher ebenfalls dem Prinzip der Iteration: Strategien müssen vortastend und iterativ, also agil umgesetzt und kontinuierlich nachjustiert werden – damit wird die Strategieentwicklung mit der Strategieumsetzung verzahnt. Auch Projekte müssen agil umgesetzt werden. Der Schlüssel liegt darin, das richtige Gleichgewicht zwischen Stabilität/Kontinuität und Agilität zu finden auf den Ebenen Leitbild, Strategie, Umsetzung – passend zum Markt in Einklang mit der Unternehmenskultur.

Neue Form der Anpassung

Agile Frameworks sind als Lösungen entstanden, um den oben beschriebenen Herausforderungen und Unsicherheiten einer schnelllebigen digitalen Welt zu begegnen. Sie erfordern jedoch ein tiefes Verständnis ihrer inneren Mechanik und Anwendbarkeit auf die einzigartige Situation jedes Unternehmens. Frühe agile Unternehmer erkannten, dass die sich verändernden Marktdynamiken eine andere Art von Anpassungsfähigkeit und eine hohe Flexibilität in ihrer Arbeitsweise notwendig machten. Diese sind darauf ausgerichtet, Unternehmen Anpassungsfähigkeit und Flexibilität zu bieten. Sie unterscheiden sich vom traditionellen Ansatz langfristiger Strategieplanungen und setzen stattdessen auf kurzfristige Iterationen mit Feedbackschleifen.

Klare Prioritäten setzen

In der heutigen Zeit, in der Fünf-Jahres-Prognosen nicht mehr zielführend sind, sind solche agilen Ansätze von unschätzbarem Wert. Die Komplexität des Digitalen Zeitalters mit seiner Informationsflut und Ambiguität erfordert klare Prioritäten und eine Ausrichtung an der Gesamtstrategie des Unternehmens. Agile Frameworks bieten genau diese Struktur und Klarheit, um sicherzustellen, dass Organisationen ihren Fokus auf das Wesentliche und Richtige legen.

Störfaktoren

Bei allen großen Arbeiten haben wir in der hypervolatilen Welt des Digitalen Zeitalters zu Beginn und am Ende enorme Unsicherheiten: zu Beginn Planungsunsicherheiten und am Ende Marktrisiken. Eine für die optimale Projektausführung erforderliche Stabilität wird durch die äußeren Einflüsse – Veränderungen, Herausforderungen und Unsicherheiten – gestört und münden oft in verändertem Lieferumfang, verspätetem Lieferdatum und erhöhtem Budget, evtl. in reduzierter Qualität. Klassiker sind die Elbphilharmonie, der Flughafen Berlin Brandenburg und Stuttgart 21.

Stabilität im Chaos wahren

Agile Ansätze werden fälschlicherweise oft mit „chaotischem" Handeln assoziiert. Das Gegenteil ist der Fall: Agile Frameworks schaffen vorübergehende Stabilität in einer chaotischen Geschäftswelt. Je nach Größe, agilem Reifegrad, Komplexität usw. benötigen Organisationen unterschiedlich lange Phasen der Stabilität, um ihre Wertschöpfung zu erzeugen. Digitale und sehr agile Organisationen iterieren teilweise im Wochenrhythmus und stellen ihren Kunden wöchentlich neue Features und Releases bereit. Komplexere Organisationen mit langlebigen Produkten nutzen eher drei bis vier Anpassungszyklen pro Jahr.

Agilität heißt nicht „laissez faire" oder Chaos – ganz im Gegenteil: Agile Methoden unterliegen klaren Regelwerken und Ritualen, die Stabilität im Chaos wahren.

Agilität hilft, externe Einflüsse, Störfelder und Unsicherheiten für eine bestimmte, je nach Ebene und Anfälligkeit/Verwundbarkeit kürzere oder längere Phase stabil zu halten, um die Arbeitsfähigkeit sicherzustellen. Agilität heißt, sich mit jeder Iteration auf Wandel einzustellen, egal, ob dieser Wandel auf Strategie- oder Aufgabenebene eintritt. Um sich der Business Agility gut anzunähern und die gesamte Organisation mit Agilität zu durchdringen, kann es hilfreich sein, auf der Organisationsebene bspw. mit OKR zu beginnen und sukzessive auf den Abteilungs- und Teamebenen dann agile Methoden wie Scrum, Kanban, Scrumban etc. einzuführen.

Die neue Disziplin der Agilität

In unserer schnelllebigen Geschäftswelt ist für die starren, tayloristischen Denk- und Managementansätze kein Platz mehr. Diese, aus dem Industriezeitalter stammenden, Methoden, die durch strenge Arbeitsteilung und zentralisierte Entscheidungsfindung geprägt sind, stoßen in einer Ära, die Flexibilität und schnelle Anpassungsfähigkeit fordert, an ihre Grenzen. Ein guter Agilitäts-Marker, welcher das Scheitern traditioneller Methoden aufzeigt, ist die Reaktionszeit auf Kunden- und Marktveränderungen. Traditionell geführte Unternehmen sind oft gefangen in langwierigen Abstimmungsrunden und hierarchischen sowie funktionalen Entscheidungsstrukturen. Wir haben schlicht nicht mehr die Zeit für lange Priorisierungsrunden oder dafür, die Ressourcenzuordnungen, Verantwortlichkeiten, Abstimmungen und Umsetzungskonflikte während der Wertschöpfungsphasen zu organisieren, wie das im Industriellen Zeitalter üblich war. Diese Verzögerungen können verheerend sein, insbesondere in Branchen, die von ständiger Innovation und schnellem Wettbewerb geprägt sind. Im Kontrast dazu geben agile Unternehmen aus ihren verschiedenen Produktlinien nahezu kontinuierlich Verbesserungen an ihre Kunden weiter. Daher ist die neue organisationale Disziplin im Digitalen Zeitalter das systematische Schaffen von Stabilität in einem dauervolatilen, dynamischen Umfeld.

Dynamische Strukturen schaffen

Bei Business Agility handelt es sich nicht um ein „Laissez-faire"-Prinzip oder Chaos, sondern um die Schaffung einer Struktur, die der Dynamik und Komplexität des Digitalen Zeitalters entspricht. Dies bedeutet, Prozesse zu verschlanken und zu fokussieren, um effizient und effektiv in einer koordinierten Umsetzung zu sein, sie zu straffen und zu fokussieren. Daher ist ein zentrales Element agiler Methoden die Etablierung von Stabilitätsphasen – strukturierte, kurze Zeiträume, in denen die eigentliche Wertschöpfung stattfindet. Diese Phasen sind entscheidend, um Ordnung und Effizienz in einer sonst dynamischen und oft chaotischen Geschäftswelt zu gewährleisten.

Auf gemeinsame Ziele verständigen

Frameworks wie OKR (Objectives and Key Results) und SAFe (Scaled Agile Framework) bieten systematische „Alignment-Rituale" an, die vor den Wertschöpfungsphasen stattfinden. Diese Rituale sorgen für ein gemeinsames Verständnis der Ziele der Organisation und im Team. Sie sorgen für die Ausrichtung der individuellen Arbeit am Gesamterfolg der Organisation. Diese Rituale sind nicht nur Treffen oder Check-ins; sie schaffen ein Fundament für Stabilität, indem sie den Fokus und die Ausrichtung innerhalb der Organisation stärken.

Balance zwischen Flexibilität und Fokussierung

Die agile Disziplin im Digitalen Zeitalter bedeutet daher nicht das Fehlen von Struktur, sondern ihre geordnete Anpassung an ein Umfeld ständiger Veränderung. Es geht darum, die Balance zwischen Flexibilität und Fokussierung zu finden, um sowohl auf unmittelbare Bedürfnisse einer Organisation zu reagieren als auch langfristige Ziele zu verfolgen. Agilität ist somit nicht das Gegenteil von Disziplin; sie ist vielmehr eine Weiterentwicklung davon, angepasst an die Komplexität und Schnelligkeit unseres heutigen Geschäftslebens.

Business Agility bezeichnet die rasche und effektive Anpassungsfähigkeit von Organisationen an vielfältige Disruptionen, wodurch sie Wettbewerbsvorteile erzielen.

- Ursprünglich in der Softwareentwicklung entstanden, hat sich Business Agility zu einem funktionsübergreifenden Ansatz entwickelt, der alle Unternehmensbereiche umfasst.
- Die sogenannte „Agile Zeitenwende" symbolisiert den Übergang vom Industriellen zum Digitalen Zeitalter und unterliegt drei charakteristischen Phasen. Sie wird durch bestimmte Merkmale und Charakteristika geprägt, die Organisationen verstehen und gleichzeitig berücksichtigen müssen, um ihre Geschäftsmodelle erfolgreich anzupassen.
- Die Agile Zeitenwende umfasst drei Phasen und zwei kritische Wendepunkte. Der erste Wendepunkt ist dadurch gekennzeichnet, dass Organisationen nach dessen Überschreiten ihre Geschäftsgrundlage gefährden und ein stetig wachsendes Transformationsdefizit aufbauen.
- Geschäftsprozesse sind komplexer geworden und erfordern agile Frameworks und Geschäftsmodelle, die sowohl anpassungsfähig als auch „Fit for Purpose" sind. Agile Ansätze bieten temporäre Stabilität in einer chaotischen Geschäftswelt und können je nach Unternehmensstruktur und -größe in unterschiedlichen Rhythmen iterieren.

Wie setzen wir alle 5 Charakteristika der Agilen Zeitenwende um?

Wie können große Organisationen agil gesteuert werden?

Seite 55

Wie trägt OKR zur Steigerung der Business Agility bei?

Seite 59

2. Lösungsansätze zur Steigerung der Business Agility

Im Industriezeitalter wurden wir mit vielen präskriptiven Lösungen und Best Practices konfrontiert, die alle dasselbe sagten: Mach es so wie die anderen! In der Digitalen Ära wird jede Organisation, kollektiv und partizipativ, ihre eigene Antwort auf die Digitale Zeitenwende und das passende Vorgehensmodell finden müssen, welches zu den fünf Charakteristika passt. Generalisieren lassen sich unserer Ansicht nach nur die Bausteine, welche zukünftige BWMs erfüllen müssen: agile Prinzipien als Grundbausteine für jedes zukünftige BWM und die Steigerung der Business Agility insgesamt.

Agile Frameworks lassen sich in kleinen Organisationen wie Start-ups leichter umsetzen. Größere Organisationen dagegen weisen ein zusätzliches Maß an Komplexität auf, welches sich aus den Anforderungen an die Aufbau- und Ablauforganisation ergibt. In Mehrsparten-Organisationen und sogar innerhalb einer Abteilung können unterschiedliche BWMs passend für die jeweilige Geschäftseinheit nebeneinander bestehen. Daher braucht es zusätzlich ein übergeordnetes Betriebssystem, das in der heutigen Zeit nur agil sein kann. Die anderen BWMs und Betriebssysteme müssen sich dem übergeordneten Kontext unterordnen. Hierfür hat sich OKR, Objectives and Key Results, als agiles Framework für die Strategieumsetzung bewährt.

2.1 Die DNA der Agilen Zeitenwende: Die Prinzipien von Business Agility

Gefangen in den Paradigmen des Industriezeitalters, können wir nur das bewältigen, was wir rückblickend verstanden haben. Business Agility öffnet uns den Raum für zukünftiges Denken und Handeln im Digitalen Zeitalter.

Gerald Draht

In der Agilen Zeitenwende müssen Organisationen die fünf zentralen Charakteristika
- Neuartigkeit,
- hohe Auswirkungen,
- Häufigkeit und Geschwindigkeit,
- Interdependenz und
- Synchronizität

in ihre Geschäfts- und Arbeitsmodelle (BWMs) integrieren, um die dynamischen externen Herausforderungen erfolgreich zu bewältigen. Statt auf starre Management-Werkzeuge zu setzen, empfehlen wir, sich an Prinzipien auszurichten, die als Leitlinien in einem volatilen Umfeld dienen. Diese Prinzipien sind die Grundbausteine (ähnlich einer DNA) für Business Agility und unerlässlich für den Übergang ins Digitale Zeitalter.

Prinzipien greifen ineinander

Jedes einzelne dieser Prinzipien behandelt einen wichtigen Aspekt agiler Organisationen. Sie reflektieren die wachsende Komplexität und Volatilität in der Geschäftswelt und bieten einen Weg zur Steigerung der Anpassungsfähigkeit und Leistung. Es ist jedoch wichtig, zu erkennen, dass diese Prinzipien nicht isoliert wirken, sondern sich in der Praxis oft überlappen und gegenseitig verstärken. Sie sind eng miteinander verwoben und verlangen nach einer kohärenten, unternehmensweiten Strategie für ihre effektive Implementierung. Sie bedeuten eine erhebliche Verschiebung in der Unternehmenskultur und erfordern ein hohes Maß an Engagement und Führung. Das Erkennen der Nuancen und des organisationsspezifischen Kontextes, in dem diese Prinzipien am besten funktionieren, ist der Schlüssel.

Eine **ausführliche Beschreibung der agilen Prinzipien** samt **Infografik** finden Sie unter:
business-agility.info/30min

Prinzip 1: Iteratives und adaptives Vorgehen

Im Kern aller agilen Prinzipien steht ein wiederkehrender Kreislauf von Planen, Handeln und Lernen. Erst diese Zyklen ermöglichen agiles Handeln. Anfang und Ende eines jeden Zyklus sind eng mit Kundenfeedback gekoppelt. Diese Zyklen sind nicht nur auf Produkt- und Initiativenebene, sondern auch in der Geschäftsstrategie erforderlich. Sie fördern Lernen, Anpassungsfähigkeit und Resilienz einer Organisation.

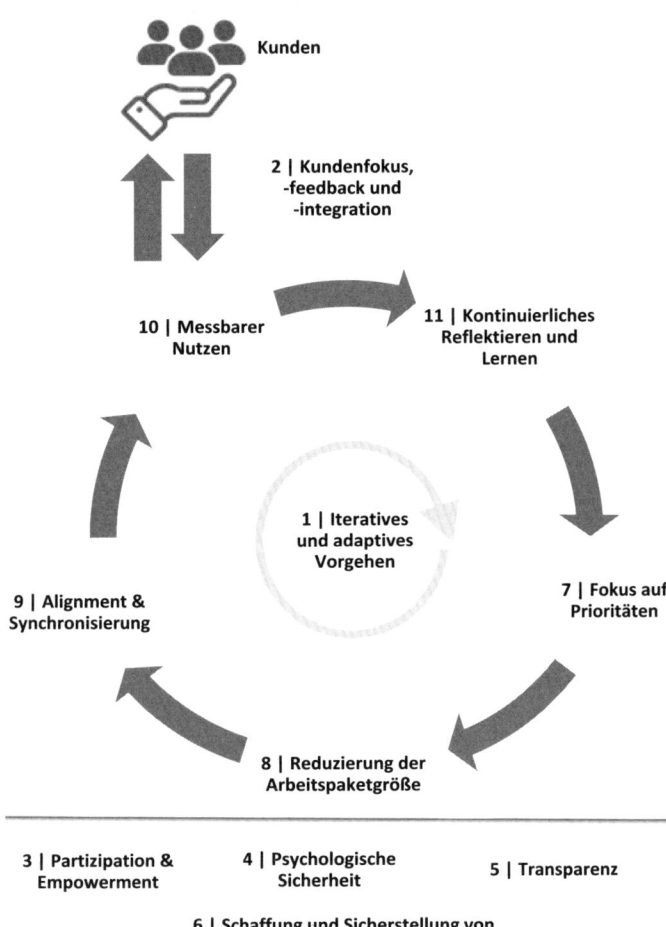

Abb. 8: Iteratives und adaptives Vorgehen

2. Lösungsansätze zur Steigerung der Business Agility

Der Lean-Startup-Zyklus, bestehend aus den Phasen Build, Measure, Learn, beschreibt Iteration als das Herzstück aller agilen Methoden am besten. Er beginnt mit einer Hypothese, die in ein Produkt umgesetzt wird. Kundenfeedback und Daten werden gesammelt und analysiert, um Lernprozesse zu ermöglichen. Diese Erkenntnisse fließen direkt in den nächsten Zyklus ein, wodurch Planungsunsicherheiten minimiert werden. Im Gegensatz zum traditionellen Projektmanagement, das sich auf feste Leistungsumfänge und Budgets konzentriert, ermöglicht die agile Methode kontinuierliche Anpassungen durch festgelegte Zyklen und Ressourcen.

Eine ausführliche Erklärung zum **iterativen und adaptiven Vorgehen** finden Sie unter: business-agility.info/30min

Prinzip 2: Kundenfokus, -feedback und -integration

Hier geht es um mehr als nur kundenorientiertes Denken. Es geht um die tatsächliche „Outside-in"-Integration des Kunden bzw. seiner Anforderungen in den Entscheidungs-, Umsetzungs- und Entwicklungsprozess. Radikaler Kundenfokus dient der Ausrichtung der gesamten Organisation auf die Schaffung von Kundennutzen.

Prinzip 3: Partizipation & Empowerment der Mitarbeitenden

Ein zweiteiliges Prinzip: Erstens werden Mitarbeitende aktiv in den Gestaltungsprozess von Produkten, Dienstleistungen, Interaktionen mit Lieferanten und Kunden, Geschäftsprozessen uvm. einbezogen, um von ihrer Expertise und Kundennähe zu profitieren. Zweitens erhalten sie gleichzeitig die Autonomie, um schnelle und effektive Entscheidungen zu treffen, ohne durch dezentralisierte Entscheidungs- und Budgetprozesse ausgebremst zu werden.

Prinzip 4: Psychologische Sicherheit

Jedes agile Framework basiert auf Vertrauen. Ein sicheres Umfeld, in dem Mitarbeiter sich trauen, ihre Meinung zu äußern und kalkulierte Risiken einzugehen, ist entscheidend für die agile Unternehmenskultur.

Prinzip 5: Transparenz

Offene Kommunikation über Strategien, Ziele und Fortschritte ist erforderlich, um Missverständnisse zu vermeiden und die Reaktionsfähigkeit zu erhöhen. Die Verschriftlichung und Kommunikation von Zielen ermöglicht ein funktionsübergreifendes Alignment. Anhand der Ziele kann Fortschritt während und am Ende eines Arbeitszyklus dargestellt werden.

Prinzip 6: Schaffung und Sicherstellung von Workflow

Dieses Prinzip betont die Wichtigkeit eines kontinuierlichen Arbeitsflusses (Flow), um die Effizienz zu steigern. Die Fokussierung auf eine geringere Anzahl simultaner Aufgaben fördert einen kontinuierlichen Arbeitsfluss, indem sie Wechselkosten minimiert, den Durchsatz steigert und die Durchlaufzeiten verkürzt. Flow sichert eine optimale Produktivität in den kurzen Phasen der Wertschöpfung in agilen Frameworks. Dieser Prozess sollte vor äußeren Störungen geschützt werden. Ohne beispielsweise Work-in-Progress-Limits und das Pull-Prinzip bei der Arbeit lassen sich Durchlaufgeschwindigkeiten und -zeiten nicht verbessern, der Cost of Delay (CoD) steigt und die Arbeitsbelastung der Mitarbeitenden nimmt zu.

Prinzip 7: Fokus auf Prioritäten
Hier geht es um die Wichtigkeit, Prioritäten zu setzen und sich auf die dringendsten und wichtigsten Aufgaben zu konzentrieren zur Steigerung der Effizienz in der gesamten Organisation. Dies beginnt bei der Unternehmensvision – „Wer sind wir, und vor allem, wer sind wir NICHT für unsere Kunden!" – und setzt sich fort bei den strategischen Prioritäten – beispielsweise durch die Anwendung der Cost of Delay für wirtschaftlich basierte Priorisierung – bis hin zur Arbeitsebene beispielsweise durch OKR (Kap. 2.3).

Prinzip 8: Reduzierung der Arbeitspaketgröße
Einhergehend mit dem Flow-Prinzip sollten Aufgaben in kleinere Pakete aufgeteilt werden, um schneller Produkte an Kunden ausliefern zu können und sofort deren Feedback zu erhalten, um dieses wiederum direkt in die nächste Arbeitsphase einfließen zu lassen.

Beispielsweise mittels MVPs (Minimal Viable Products) oder WSJF (Weighted Shortest Job First). Dies steigert die Effizienz und ermöglicht schnelle Iterationen.

Prinzip 9: Alignment und Synchronisierung

Dieses Prinzip legt den Fokus auf die gemeinsame Ziel-Ausrichtung (Alignment) und zeitliche Koordination (Synchronisierung) aller Teams und Abteilungen eines Unternehmens. Dies fördert die Kommunikation und ermöglicht eine effizientere Nutzung der Ressourcen. Die Ausrichtung auf gemeinsame Ziele maximiert den Nutzen für Kunden und das gesamte Business. Dieses Alignment kann inhaltlich sein oder in reiferen agilen Organisationen auf den Organisationsaufbau angewandt werden, indem Teams nach Wertschöpfungsströmen zusammengesetzt werden.

Prinzip 10: Messbarer Nutzen

Statt sich nur auf den Output (Produkte, Features usw.) zu konzentrieren, sollten Unternehmen den Nutzen (Outcome) in den Vordergrund stellen (vgl. OKR Kap. 2.3). Dieses Prinzip priorisiert die schnelle Lieferung von messbaren Ergebnissen gegenüber dem bloßen Output. Agile Unternehmen konzentrieren sich auf kurzfristige Iterationen, um die Priorisierung, Planung und Durchführung von Projekten zu beschleunigen.

Prinzip 11: Kontinuierliches Reflektieren und Lernen

Unternehmen sollten eine Kultur der kontinuierlichen Verbesserung und des lebenslangen Lernens fördern. Das schafft eine

Atmosphäre der psychologischen Sicherheit, in der Fehler als Lernchancen betrachtet werden. Das Prinzip ist auf allen Ebenen der Organisation anwendbar.

Prinzipien für Business Agility sind mehr als nur Regeln oder Leitlinien; sie sind das Fundament, auf dem agile Organisationen aufbauen. In einer immer komplexer und volatiler werdenden Geschäftswelt bieten diese Prinzipien Organisationen den dringend benötigten Orientierungsrahmen. Sie dienen als flexible Grundlage, die eine Anpassung an unvorhersehbare Veränderungen ermöglicht, ohne die unternehmensweite Kohärenz zu beeinträchtigen. Als DNA für Business Agility sind sie unerlässlich für jede Organisation, die in der heutigen volatilen Geschäftsumgebung wettbewerbsfähig bleiben möchte.

2.2 Business Agility in komplexen Organisationssystemen

Kleine Organisationen und isolierte Bereiche agiler aufzustellen, ist relativ einfach, weil die systemischen Abhängigkeiten noch recht übersichtlich sind. Anders ist das in Organisationen mit mehreren Business Units (BUs) oder in einer großen Organisation mit vielen verschiedenen Funktionen. In großen Organisationen potenziert sich der Abstimmungsbedarf mit dem Eintritt in das Digitale Zeitalter:

- Spezifische BUs benötigen das passende BWM zu ihren jeweiligen Anforderungen. Das heißt, in einer Organisation können mehrere BWMs nebeneinander existieren, was zu einer gegebenen Methodenvielfalt führt.

- Diese nebeneinander existierenden, teils nicht übertragbaren BWMs müssen in einen Gesamtkontext integriert werden und gleichzeitig helfen, die BA der Organisation insgesamt zu steigern.

Zwei zentrale Werkzeuge

Wir richten jetzt unseren Fokus auf zwei Werkzeuge, die das Potenzial haben, vor allem den Business Aspekt von Business Agility entscheidend voranzutreiben. Beide Ansätze sind nicht nur separat mächtige Instrumente, sie ergänzen sich auch in einer Art und Weise, die ein tieferes Verständnis und eine effektive Steuerung komplexer Organisationssysteme ermöglicht:

- Die **Stacey-Matrix,** welche wir im Zusammenhang mit BA vor allem dazu nutzen, die Passung von BWMs mit den jeweiligen Anforderungen zu matchen (Fit for Purpose; vgl. Kap 1.7) sowie um die mögliche Vielfalt koexistierender BWMs bewusst aufzuzeigen. Hier nutzen wir die Stacey-Matrix, um die Komplexität der Steuerung verschiedener teilweise widersprüchlicher BWMs aufzuzeigen. Das Steuerungsmodell einer komplexen Organisation kann nicht aus einem einzelnen BWM abgleitet werden, sondern es muss in der Lage sein, verschiedene BWMs agil zu integrieren. Was uns bringt zu:

- **Objectives and Key Results** (OKR) als Framework für die Strategie-Umsetzung sowie als agiles Betriebssystem für die Integration mehrerer BWMs. Wir halten OKR aktuell für das passendste Steuerungsmodell für die Verbesserung der Business Agility. Als agiles Modell erfüllt es nicht nur die Anforderungen der BA-Prinzipien. OKR hilft einer Organisation, die bewusste Entscheidung zum BTP zu operationalisieren (s. S. 21).

Solider Rahmen

Während die OKR-Methode Organisationen dabei unterstützt, gemeinsame Ziele klar zu definieren und alle Arbeitsmodelle zu integrieren, hilft die Stacey-Matrix, die Komplexität der Organisations-Realität zu kartieren und gleichzeitig sicherzustellen, dass keine unzulässige Methoden-Übertragung (engl.: Method Mismatch) von klassischen und agilen Ansätzen stattfindet. Gemeinsam bieten sie ein robustes Rahmenwerk, das sowohl Klarheit als auch Flexibilität in einer sich schnell verändernden Geschäftswelt gewährleistet.

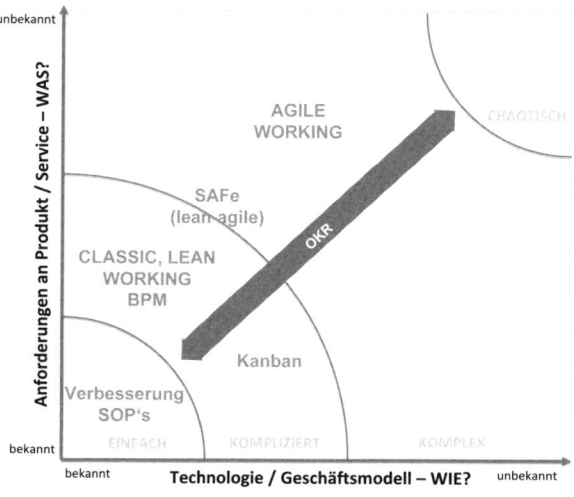

Abb. 9: Stacey-Matrix zur Kartierung unterschiedlicher BWMs

Wahl des passenden Arbeitsmodells

Es gilt, organisationsbereichs- bzw. teamspezifisch zu beachten, welche Anforderungen bzw. Lösungen und damit welche Aufgabenstellung (klar, kompliziert, komplex, vgl. Stacey-Matrix auf Seite 33) und welches passende Arbeitsmodell für einen spezifischen Organisationsbereich bzw. das Team sinnvoll und erforderlich sind.

Die Stacey-Matrix visualisiert unterschiedliche Bereiche und unterstützt Führungskräfte bei der Wahl des richtigen Arbeitsmodells für ihre jeweiligen Herausforderungen.

Eine Übersicht und Details **zu agilen und modernen Frameworks** finden Sie unter: business-agility.info/30min

Die Übertragung traditioneller Arbeitsmodelle auf die heutigen dynamischen Anforderungen scheitert oft. Deshalb ist es entscheidend, die mit dem Transformationsdruck einhergehende Komplexität durch Arbeitsmodelle zu bewältigen, die von den im Digitalen Zeitalter notwendigen Prinzipien geprägt sind. Die Kombination aus Stacey-Matrix und OKR liefert hierfür ein robustes Framework. Die Stacey-Matrix unterstützt Führungskräfte bei der Wahl des richtigen Arbeitsmodells für ihre jeweiligen Herausforderungen.

2.3 OKR als Zentrum des Betriebssystems zur Steigerung der Business Agility

Die Antwort Ihres Unternehmens auf die Agile Zeitenwende und den organisationsspezifischen Kipppunkt (OTP) braucht ein entsprechendes „Betriebssystem", welches ebenfalls die agilen Prinzipien erfüllt. Zusätzlich muss es in der Lage sein, klassische und agile Arbeitsansätze zu integrieren.

Strategische Integration durch OKR

Die Herausforderung besteht darin, diese oben beschriebene Vielfalt an Arbeitsmodellen strategisch zu integrieren. OKR (Objectives and Key Results) bietet hierfür eine ideale Lösung. Als agiles Framework zur Strategieumsetzung ermöglicht OKR die Integration verschiedener Arbeitsmodelle durch die Ausrichtung auf gemeinsame Ziele. Dies hilft, nicht nur Synergien innerhalb des Unternehmens zu heben, sondern stellt sicher, dass die gesamte Organisation flexibel und innovativ auf Veränderungen reagiert, anstatt nur auf bewährte Best Practices zu setzen. In einer zunehmend volatilen Geschäftsumgebung ist es spätestens ab dem OTP unerlässlich, Fokus, Prioritäten und Ziele in der gesamten Organisation und auf jeder Ebene möglichst widerspruchsfrei abgestimmt zu setzen. Gleichzeitig ist es erforderlich, sämtliche Aktivitäten und Initiativen auf die gemeinsamen Prioritäten der Organisation auf allen Ebenen – Unternehmen, Abteilungen und Teams – auszurichten, um die Effektivität und Effizienz der vorhandenen Ressourcen möglichst optimal zu nutzen und um die Unternehmensvision umzusetzen. Die Agile Transformation braucht ein entsprechendes „Betriebssystem", welches ebenfalls die agilen Prinzipien erfüllt.

Agiles Zielsetzungs-Framework aus dem Silicon Valley

Seit seiner Erfindung 1971 durch Andy Grove (CEO Intel) und der Einführung bei Google 1999 durch John Doerr (Investment Manager bei Kleiner Perkins) erfreut sich das Framework auch in Deutschland immer größerer Beliebtheit. Zudem hat sich OKR seit seiner Erfindung deutlich weiterentwickelt.

Die zyklische Struktur von OKR (typischerweise drei Monate) ermöglicht Organisationen durch Iterationen (Business Agility Prinzip #1), ihren Kurs trotz der Hypervolatilität anzupassen und zu steuern – nach dem zuvor beschriebenen Lean-Startup-Zyklus Build, Measure und Learn.

Prioritäten setzen

Das OKR Framework bietet eine klare Struktur und Methodik, um sicherzustellen und zu steuern, dass die gesetzten Ziele und Maßnahmen auf strategischer und taktischer Ebene erreicht werden. OKR hilft dabei, Fokus, Prioritäten und Ziele zu setzen und Ausführung, Aktivitäten und Initiativen darauf auszurichten. In unseren Beratungsprojekten liegt der Fokus immer auf dem meistgenannten Schmerzpunkt einer Organisation jeglicher Größe.

 Ein **Self-Assessment-Tool** zum Status quo finden Sie unter: business-agility.info/30min

OKR ...

- nutzt das Leitbild (Purpose, Vision, Mission) als „Nordstern" und dient als Übersetzung der Strategie in verständliche Ziele für die gesamte Organisation.
- setzt den Fokus auf Outcome im Sinne von Ergebnis, Nutzen, Wirkung bzw. Wertbeitrag. Methoden aus dem Industriezeitalter und andere agile Frameworks setzen den Fokus mehr auf den Output, also ein Produkt, Service, Konzept, eine Funktionalität oder Analyse.

Zentraler Unterstützer für Business Agility

OKR ist die ideale Methode zur agilen Steuerung und Steigerung der Business Agility in allen Unternehmensbereichen und auf allen Unternehmensebenen. Unabhängig davon, welche weiteren agilen Frameworks oder agilen Arbeitsmethoden in der Organisation implementiert werden: OKR bietet einen unabhängigen „methoden-agnostischen" und übergreifenden Ansatz, welcher Organisationen dabei helfen kann, alle agilen, aber auch traditionellen Arbeitsmethoden zu integrieren. Vergleichbar mit einem PC-Betriebssystem, fungiert OKR für eine Organisation wie eine Klammer, die alles zusammenhält, bzw. ein Klebstoff, der alles verbindet und integriert.

Zahlreiche Vorteile

Durch die Fokussierung der gesamten Organisation auf wesentliche Prioritäten trägt OKR effektiv zur Leistungssteigerung und zum Erreichen wichtiger Business Outcomes bei. Es erhöht die Anpassungsfähigkeit, verbessert die Kunden- und Mitarbeiterorientierung und fördert das Mitarbeiter-Engagement sowie die Motivation. Darüber hinaus begünstigt es ein Umfeld für fokussierte Innovation und kreatives Denken und stärkt die Resilienz der Organisation.

Durch frühzeitiges Erkennen und Management von Umsetzungsherausforderungen unterstützt OKR zudem das Risikomanagement. In der heutigen, von Agilität und Unsicherheit geprägten Geschäftswelt bietet OKR eine adaptive Lösung. Es ermöglicht die nahtlose Integration von strategischen und operativen Zielen und ist somit auf kontinuierliche Verbesserung und langfristigen Erfolg ausgerichtet. Wenn es mit datengetriebenen Werkzeugen wie KPIs und Dashboards kombiniert wird, entsteht ein ganzheitliches Management-System.[*]

Weitere Anwendungsbereiche von OKR

OKR (Objectives and Key Results) dient als vielseitiges Instrumentarium, das sowohl auf der strategischen als auch

---

[*] Weiterführende Literatur: 30 Minuten OKR – Objectives & Key Results, Obogeanu-Hempel/Steiner, 2021.

auf der operativen Ebene Anwendung findet. Hier sind die zentralen Einsatzgebiete von OKR :

1. Agile Strategieimplementierung
2. Resilienzsteigerung
3. Management der Agilen Transformation
4. Selbstorganisation und Eigenverantwortung
5. Adaptive Teamführung
6. Prozessoptimierung im operativen Geschäft

OKR hilft, die Ambidextrie zu managen: Operational Excellence und Innovation/Strategie – beides auf eine agile Weise.

Das Fundament für verbesserte Business Agility besteht aus zentralen Prinzipien, die nicht nur als Regeln oder Richtlinien dienen, sondern als essenzielle DNA, die für die Anpassungsfähigkeit in einer volatilen Geschäftsumgebung unerlässlich ist. Die Lösung liegt in der Anwendung moderner Frameworks, die für diese neue Ära entworfen wurden.

- Die Stacey-Matrix bietet Führungskräften eine Entscheidungsgrundlage für die Auswahl geeigneter Arbeitsmodelle für deren jeweilige Herausforderungen, während OKR als adaptives und übergeordnetes Betriebssystem geeignet ist, verschiedene BWMs zu integrieren.
- OKR verbindet als strategisches Ziele-Management-System sowohl agile als auch traditionelle Herangehensweisen, um den Organisationen einen methoden-agnostischen Ansatz für den heutigen dynamischen Geschäftskontext zu bieten, und stellt gleichzeitig eine strategische Business Agility sicher.

Weshalb ist das kollektive Verhalten der Führungsebene der wirkungsvollste Ansatzpunkt für eine hohe Business Agility?

Seite 66

Warum erfordert die Steigerung der Business Agility eine unternehmensweite Transformation?

Seite 68

Wie nähert man sich Business Agility am besten an?

Seite 77

3. Business Agility als unternehmensweite Transformation

In einer Welt, die zunehmend von Volatilität, Unsicherheit, Komplexität und Ambiguität (VUCA) geprägt ist, erfordert die Steigerung der Business Agility weit mehr als punktuelle Veränderungen oder Einzelinitiativen. Obwohl die Agile Transformation in vielen Unternehmen bereits angelaufen ist, bleibt der erhoffte Erfolg oft aus. Zwei wesentliche Aspekte hindern Unternehmen unserer Erfahrung nach daran, Business Agility als holistischen Ansatz umzusetzen:

- Führungskräfte müssten die Auswirkungen der Agilen Transformation auf ihre jeweiligen Bereiche verstehen, anerkennen und entsprechende Maßnahmen ergreifen. Allerdings reicht eine individuelle abteilungs- oder teamspezifische Reaktion nicht aus. Isoliert implementierte agile Modelle greifen zu kurz, um den Anforderungen der Agilen Zeitenwende gerecht zu werden. Wie Evan Leybourn, Gründer des Business Agility Institutes, treffend bemerkte: „Die gesamte Wertschöpfungskette eines Unternehmens kann nur so agil sein wie ihre am wenigsten agile Einheit."
- Zudem ist für eine erfolgreiche Transformation ein organisationales Commitment notwendig. Ohne eine kollektive Entscheidung, die als Signal für die gesamte Organisation dient, bleiben alle Bemühungen Flickwerk. Die Top-Manager müssen als Kollektiv die Implikationen für die gesamte Organisation aufgreifen und sich als Organisation dazu verhalten.

3.1 Die zentrale Rolle von Führungskräften

Veränderung [...] trifft das Unternehmen auf eine Weise, dass wir im Top-Management oft die Letzten sind, die es bemerken.

Andy Grove

Führung spielt eine zentrale Rolle bei der Begleitung eines Unternehmens, das gilt für das Denken und Handeln im Industriezeitalter ebenso wie für Denk- und Handlungsansätze im Digitalen Zeitalter. Führungskräfte sind die Entscheidungsträger der Transformation. Sie verantworten den aktuellen strategischen Pfad einer Organisation und deren BWMs. Sie schaffen Rahmenbedingungen und stellen die notwendigen Ressourcen für eine solche Transformation bereit.

Machtposition

Im Industriezeitalter hatten Führungskräfte durch ihre Entscheidungsgewalt und Kontrolle über Ressourcen die volle „Macht" über ihre Organisation. Sie bestimmten, welche Produkte oder Dienstleistungen auf den Markt kamen, und übten Einfluss auf die Verbrauchermärkte aus. Durch Kontrolle von Budgets, Einstellungen, Beförderungen und Belohnungen hatten sie Macht über ihre Mitarbeiter.

Loslösen von der Kontrollinstanz

Mit dem Eintritt ins Digitale Zeitalter haben sich diese drei Bereiche, nämlich das Unternehmensumfeld, die Kunden und die Mitarbeiter, von der Kontrolle der Unternehmensleiter zunehmend emanzipiert. Das heißt, dass Organisationen und ihre Führungskräfte einen neuen, agileren und partizipativeren Zugang zu ihren Kunden, ihrer Belegschaft und ihren Märkten benötigen.

Verantwortungsvolle Rolle
Führungskräfte spielen bei der Entscheidung des Unternehmens für die Auseinandersetzung mit dem Organisationsspezifischen Kipppunkt (OTP), zum Business Agility Wendepunkt (BTP) und bei der Umsetzung von Business Agility eine kritisch wichtige Rolle. Deren Rolle geht über die bekannten Prinzipien und Praktiken der agilen Führung hinaus.

Führungskräfte haben die doppelte Verantwortung, nicht nur die Transformation ihres Teams und ihrer Organisation (ein-) zu leiten, sondern auch die eigene Transformation aktiv zu gestalten. Als Individuen sowie als Kollektiv sind sie verantwortlich für:
- Verstehen und Anerkennen des OTP
- Zügige Einleitung des BTP
- Start der unternehmensweiten Business Agility Transformation

In der Agilen Transformation verändert sich auch die Rolle der Führungskräfte entscheidend. Obwohl sie die Richtung der Transformation vorgeben, deren Rahmenbedingungen schaffen und Ressourcen bereitstellen, ändert sich ihre Kontrollmacht. Eine Agile Transformation ist ein Teamsport, der sich nur mit der Schwarmintelligenz der Organisation lösen lässt.

3.2 Individuelle und systemische Widerstände in der Transformation

Individuelle und systemische Widerstände sind oft die größten Hürden bei jeder Art von Transformation. Das Erkennen und Verstehen dieser Widerstände ist ein wichtiger Schritt auf dem Weg zu einer erfolgreichen Umsetzung von Business Agility.

Individueller Widerstand gegen alles Agile:

- **Furcht vor dem Unbekannten:** Menschen bleiben oft in ihrer Komfortzone und fürchten den Paradigmenwechsel, den die Agile Transformation mit sich bringt.
- **Risikoaversion**: Bedenken, in einer unsicheren und schnelllebigen Umgebung Fehler zu machen.
- **Persönliches Risiko**: Angst, Fehler zu machen und die eigene Karriere zu gefährden.
- **Macht- und Kontrollverlust**: Agile Methoden setzen auf flache Hierarchien und Teamautonomie, was traditionelle Führungsrollen bedroht.
- **Unzureichende Kenntnisse und Fähigkeiten**: Agile und digitale Methoden sind oft Neuland für viele Führungskräfte.
- **Kurzfristiger Fokus**: Zielkonflikte zwischen kurzfristigen operativen Zielen und dem langfristigen Commitment, das für Agile Transformationen erforderlich ist.
- **Unterschätzung der Transformation**: Viele Führungskräfte unterschätzen die Tiefe und den Umfang der notwendigen Veränderungen.

- **Falsche oder oberflächliche Implementierung agiler Ansätze**: Die Übertragung von agilen Methoden auf ungeeignete Arbeitsprozesse hat dem Ansehen von Agilität geschadet.
- Das **Shiny Object Syndrom:** Individuelle Führungskräfte fokussieren sich und ihre Energie lieber auf (unternehmens- und öffentlichkeitswirksame Initiativen mit wenig Aufwand und hoher Erfolgswahrscheinlichkeit, um ihre eigene „Marke" im Unternehmen und in Social Media zu sichern.

Systemische Hindernisse gegen verbesserte Business Agility:
- **Silo-Denken**: Abteilungen arbeiten isoliert und fördern eine „Wir gegen die anderen"-Kultur.
- **Interne Wettbewerbskultur**: Abteilungen und Teams konkurrieren um Ressourcen, Anerkennung oder Budgets.
- **Individuelles vs. kollektives Performance-Management**: Der Fokus liegt oft mehr auf der individuellen Leistung als auf der Teamleistung.
- **Extrinsische vs. intrinsische Motivation**: Übermäßiger Fokus auf externe Belohnungen kann die intrinsische Motivation schädigen.
- **Helden-Kultur**: Einzelne „Helden" werden über das Team gestellt, was kollektive Anstrengungen und Empowerment untergräbt.
- **Gegenseitige Abhängigkeiten und Komplexität**: Fehlendes Alignment und schlecht koordinierte Entscheidungsfindung führen zu Ineffizienzen und Widerständen.
- **Mangelnde Transparenz & Wissensinseln**: Fehlende Übersicht über Initiativen und Herausforderungen in verschiedenen Teilen des Unternehmens.

- **Kollektive Unsicherheiten und Konfliktvermeidung**: Nicht ausgesprochene Ängste und Unsicherheiten werden auf Teams übertragen und verstärkt.
- **Fehlende organisationale Identität:** Die Organisation und Mitarbeitenden wissen nicht, wofür sie stehen und welchen übergeordneten Beitrag sie leisten – außer den EBIT steigern.
- **Mangelndes Vertrauen und Commitment**: Skepsis gegenüber der Transformation und den beteiligten Personen.
- **Fehlendes gemeinsames Ziel oder Leitbild**: Ohne klare Richtung ist die kollektive Verantwortung schwierig.

Diese Listen können als Orientierung dienen, um sowohl die individuellen als auch die systemischen Widerstände gezielt gegen alles Agile anzugehen. Wir verwenden diese in unserer Business-Agility-Beratungsarbeit als Diskussionsgrundlage in Workshops oder Strategiemeetings.

Bei jeder Transformation stoßen Unternehmen auf individuelle und systemische Widerstände. Es ist von zentraler Bedeutung, diese Widerstände zu erkennen und zu verstehen, um Business Agility erfolgreich umzusetzen. Individuelle Widerstände sind beispielsweise mangelndes Verständnis gegenüber agilen Methoden, Risikoaversion oder Kontroll- und Machtverlust durch flache Hierarchien und Teamautonomie, die Fokussierung kurzfristiger, prestigeträchtiger Erfolge gegenüber einer notwendigen, aber langfristigen sowie ergebnisoffenen Transformation. Systemische Widerstände beinhalten Silo-Denken, Heldenkultur, fehlende gemeinsame Ziele oder Vertrauen in den Transformationsprozess.

3.3 Die kollektiven Handlungsfelder in der Agilen Transformation

Wir brauchen ein Team der Teams, weil das 21. Jahrhundert offen, komplex, dynamisch und vernetzt ist.

Larry J. Leifer

In der heutigen, sich rasch verändernden Geschäftslandschaft wird der Erfolg eines Unternehmens zunehmend an seiner Business Agility gemessen. Dieser Paradigmenwechsel erfordert eine kollektive Anstrengung aller Führungsebenen und ist tiefgreifend transformativ in seiner Natur.

Anpassungsfähigkeit steigern

Das übergeordnete Ziel muss sein, eine organisationale Resilienz im Digitalen Zeitalter aufzubauen. Business Agility trägt hierzu bei, indem es nicht nur die Fähigkeit zur schnellen Anpassung an Marktveränderungen fördert, sondern auch eine organisationale Resilienz schafft. Resilienz in diesem Kontext bedeutet nicht nur die Fähigkeit zur Bewältigung von Rückschlägen, sondern auch die Fähigkeit, diese als Chancen für Wachstum und Weiterentwicklung zu nutzen. Statt lediglich robust gegenüber Schwarzen Schwänen" (s. S. 28) – unvorhersehbaren Ereignissen mit gravierenden Folgen – zu sein, ermöglicht Resilienz eine schnelle Erholung und sogar die Möglichkeit, solche Ereignisse als Katalysator für positive Veränderungen zu nutzen.

Führungskräfte sind daher nicht nur individuell, sondern auch als **kollektive Einheit** für das Management der folgenden Handlungsfelder verantwortlich:

- **Radikale Kundenorientierung**: Die radikale Ausrichtung auf den Kunden bleibt ein Kernprinzip agiler Frameworks. Dies beinhaltet nicht nur eine (aktive) Einbeziehung der Kunden in eine kundenfokussierte Produktentwicklung, sondern auch eine hohe Kundenorientierung in allen organisatorischen Entscheidungen.
- **Business Performance und Messbarkeit**: Während der Transformation müssen Führungskräfte sicherstellen, dass die wirtschaftliche Leistungsfähigkeit des Unternehmens nicht leidet. Dies beinhaltet die Anwendung von OKR (Objectives and Key Results) oder ähnlichen Systemen sowie KPIs (Key Performance Indicators) zur Messung der Unternehmens-Performance und zum Nachweis des Wertes der Transformation.
- **Mitarbeiterengagement:** Führungskräfte spielen eine entscheidende Rolle bei der Förderung einer Kultur des Vertrauens, der psychologischen Sicherheit und des Empowerments. Hier ist nicht nur das partizipative Einbeziehen der Mitarbeitenden, sondern die kollektive Resilienz und Anpassungsfähigkeit der Organisation von Bedeutung.
- **Strategische Ausrichtung:** Ein gemeinsames Verständnis und die Verankerung der übergeordneten Geschäftsziele sind unerlässlich. Hierbei geht es um die Ausrichtung aller Abteilungen und Teams auf diese Ziele und um die Einbindung von Feedbackschleifen, die sicherstellen, dass die Transformation im Einklang mit der Unternehmensstrategie steht.
- **Agile Transformation:** Die Schaffung der notwendigen Rahmenbedingungen für eine Agile Transformation liegt

in der Verantwortung der Führungskräfte. Dies umfasst die Implementierung agiler Prinzipien, das Abbauen von Fachsilos, die Förderung von bereichsübergreifender Zusammenarbeit, das Abgeben von Verantwortung und die Erleichterung organisatorischer Veränderungen.

- **Business-Agile Leadership:** Agile Führungskräfte müssen mehr sein als nur einzelne Befürworter agiler Praktiken. Sie müssen die Qualitäten eines agilen Leaders verkörpern, die sich aus einem tiefen Verständnis für die Herausforderungen und Möglichkeiten der Digitalen Transformation speisen.
- **Resilienz und Anpassungsfähigkeit:** Im Kontext der Digitalen Transformation ist die Fähigkeit, sich schnell an Veränderungen anzupassen und widerstandsfähig gegenüber Störungen zu sein, von unschätzbarem Wert. Führungskräfte müssen Wege finden, diese Resilienz auf organisatorischer Ebene aufzubauen und zu pflegen.

Radikale Kundenzentrierung alleine genügt nicht

Zusätzlich zur Kundenorientierung bedarf es in der Business Agility eines korrektiven und visionären Elements, um die Grenzen einer reinen Kundenperspektive zu balancieren. Wie das Zitat von Henry Ford verdeutlicht: „Hätte man Fuhrleute nach ihren Wünschen gefragt, hätten sie vermutlich schnellere Pferde und nicht Lastwagen verlangt, da ihnen die Vorstellung von Automobilen fremd war." Ähnlich kann eine zu enge Fokussierung auf die aktuelle Kundenperspektive Unternehmen davon abhalten, bahnbrechende Innovationen zu erkennen und umzusetzen. **Unternehmen**

müssen über die bestehenden Kundenbedürfnisse hinausblicken und zukunftsorientierte Innovationen vorantreiben. Dafür sind Mitarbeiter im direkten Kundenkontakt von unschätzbarem Wert, da sie authentische Einblicke in die Interaktion der Kunden mit Produkten und Dienstleistungen bieten und ein empathisches Verbinden mit den Kunden erlauben. Auch hier muss der „Bierkutschereffekt" beachtet werden: das Risiko, sich zu sehr auf den gegenwärtigen Zustand zu konzentrieren und dadurch transformative Innovationen zu übersehen. Es braucht gleichzeitig eine Integration und Moderation der Shareholder-, Kunden- und Mitarbeiter-Fokussierung.

Neue Rolle der Geschäftsleitung im Digitalen Zeitalter

Die Geschäftsleitung muss im Digitalen Zeitalter einen ganzheitlichen Ansatz verfolgen, der über reine Kundenfokussierung und Mitarbeiterorientierung hinausgeht. Sie muss die Balance zwischen Kundenorientierung, Mitarbeiterengagement und visionärer Führung finden. Dies beinhaltet, die Innovationspotenziale der Mitarbeiter zu erkennen und zu nutzen, umfassendere Markttrends zu berücksichtigen und zukünftige technologische Entwicklungen im Auge zu behalten. Durch diese integrative Herangehensweise können Unternehmen nicht nur auf aktuelle Kundenbedürfnisse reagieren, sondern auch proaktiv zukünftige Anforderungen und Möglichkeiten antizipieren und dadurch langfristig wettbewerbsfähig bleiben.

Während Kunden und Mitarbeiter weiterhin als zentrale Akteure in der Wertschöpfung und im Innovationsprozess gelten, erfordert die Rolle des Top-Managements im Digitalen Zeitalter eine sorgfältige Abwägung und Integration verschiedener Interessen und Perspektiven. Diese umfassende Strategie ist entscheidend für den langfristigen und nachhaltigen Erfolg in der dynamischen Welt des Digitalen Zeitalters.

Mitarbeiter- und Kundenzentrierung

Ein zentraler Aspekt ist der Zusammenhang zwischen Employee Centricity (Mitarbeiterzentrierung) und Customer Centricity (Kundenzentrierung) und deren wechselseitige Verstärkung. Zufriedene und engagierte Mitarbeiter sind eher in der Lage, hervorragende Kundenerfahrungen zu liefern. Wenn Unternehmen die Erfahrungen ihrer Leute im direkten Kundenkontakt ernst nehmen, fördert das nicht nur die Innovationsfähigkeit, sondern die Wertschätzung für diese Rollen. Umgekehrt führt eine starke Kundenzentrierung oft zu einer positiven Arbeitsumgebung, da Mitarbeiter sehen, wie ihre Arbeit direkt zur Kundenzufriedenheit und zum Unternehmenserfolg beiträgt. Eine starke Verbindung zwischen Mitarbeiter- und Kundenzentrierung trägt wesentlich zum langfristigen Erfolg des Unternehmens bei. Unternehmen, die in beide Bereiche investieren, erleben oft eine höhere Mitarbeiterbindung, Kundenloyalität und letztlich eine bessere finanzielle Performance. Die Rolle des Top-Managements wandelt sich von einer autoritären Führung hin zu einer mehr dienenden und ermächtigenden Rolle (engl.: Servant Leadership). Moderne Führungskräfte müssen sowohl die Bedürfnisse der Kunden als auch die der Mitarbeiter im Blick haben und eine Unternehmenskultur fördern, die beide Aspekte unterstützt. Sie müssen als Vorbilder für eine kunden- und mitarbeiterzentrierte Denkweise fungieren und die Organisation bei der Anpassung an dynamische Marktbedingungen leiten.

Zusammenspiel einzelner Handlungsfelder
Diese Handlungsfelder sind nicht isoliert zu betrachten. Sie sind miteinander verknüpft und interagieren in einer Weise, die einen ganzheitlichen Ansatz erfordert. Die kollektive Anstrengung, sie effektiv zu managen, ist entscheidend für den Erfolg der Agilen Transformation. Einzelne Versuche, agile Ansätze ohne Berücksichtigung des größeren Kontexts und der gegenseitigen Abhängigkeiten zu implementieren, werden wahrscheinlich fehlschlagen. Daher ist es von entscheidender Bedeutung, dass die Führungskräfte die inhärenten Verknüpfungen zwischen diesen Handlungsfeldern verstehen und strategisch angehen.

Für den Erfolg ist es essenziell, dass Führungskräfte die Bedeutung und Dringlichkeit von Business Agility kollektiv verstehen und sich aktiv für deren Umsetzung einsetzen. In einer Welt, in der die treibenden Kräfte hinter dem Agilen Wendepunkt immer stärker werden, gibt es kein Zurück mehr. Unternehmen müssen sich anpassen oder riskieren, hinter ihren Wettbewerbern zurückzufallen. Die Dynamiken, die zum Agilen Wendepunkt und Organisationsspezifischen Kipppunkt geführt haben, beschleunigen sich. Es gibt kein Zurück.

3.4 Annäherungsweisen an Business Agility

In unserer Beratungsarbeit erleben wir drei Arten der Beschäftigung mit agilen Frameworks, welche sich auf die Einführung von Business Agility übertragen lassen:

1. Inspiration
2. Implementierung
3. Transformation

Alle drei Annäherungen haben in ihrer Abfolge eine Berechtigung bei der Einführung von Veränderungsmaßnahmen. Die ersten beiden werden allerdings oft mit Erwartungen überfrachtet, welche sie in Anbetracht der Notwendigkeit/ Implikationen der Agilen Zeitenwende nicht erfüllen können. Die meisten sogenannten „Agilen Einführungen" bleiben bereits in der Inspirations- oder Implementierungsphase isolierter agiler Ansätze stecken, weil sie letztlich ein transformatives Vorgehen erfordern, was immer Arbeit am, nicht nur Arbeit im System bedeutet.

Agile Frameworks müssen mindestens implementiert werden, um deren Mechaniken und Wirkweisen hautnah zu erleben; sie sind „Experience Frameworks". In unserer Beratungsarbeit hat sich ebenso gezeigt, dass agile Frameworks agil eingeführt werden müssen, d. h. iterativ, vortastend, experimentell und lernend.

Wir zeigen hier nur eine Übersicht, um das Konzept zu veranschaulichen.

Dimension	Inspiration	Implementierung	Transformation
Zeithorizont	Kurz (einzelne Veranstaltungen/Seminare)	Mittel (Einführung in bestimmten Abteilungen/Teams)	Lang (gesamte Organisation, kontinuierlicher Prozess)
Ressourcenbindung	Niedrig (wenige Seminare/Vorträge)	Mittel (Berater, Trainings, Zertifizierungen)	Hoch (umfassende Schulungen, Business Agility Coaching, Begleitung, Auditierung, Change Management, Beratung)
Fokus	Einzelne Führungskräfte/Teams	Einzelne Abteilungen oder Teams	Gesamte Organisation
Wirkebene	Arbeit im System	Arbeit im System	Arbeit am System
Commitment	Gering (kein kollektives Engagement)	Teils (einzelne Teams oder Abteilungen engagieren sich)	Hoch (gesamte Organisation steht hinter dem Wandel)
Impact auf Business Agility	Sehr gering (Wissen wird erhöht)	Begrenzt (Einzelerfolge, Schnittstellenprobleme)	Tiefgreifend (Wettbewerbsvorteil, agile Unternehmenskultur)
Haltung Führungskräfte	Passiv, konsumierend	Teilinvolviert; aktiv bis beobachtend	Aktiv involviert; Co-Creation
	Abwartend, erst einmal sehen, ob das etwas bringt. Wo ist das Proof of Concept?	Wir haben die Idee verstanden und wollen loslegen. Viel Trial and Error.	Wir haben verstanden, dass BA eine Transformation auf vielen Ebenen erfordert und organisiert werden muss.

Ausführliche Informationen
zu den 3 Annäherungsweisen finden Sie unter:
business-agility.info/30min

In der Zeit der Transformation spielen Führungskräfte eine entscheidende Rolle. Sie sind die Schlüsselfiguren, die die Richtung der Transformation bestimmen, Ressourcen steuern und Rahmenbedingungen setzen. Allerdings steht ihre traditionelle Kontroll- und Entscheidungsmacht infrage, da Agilität Teamarbeit bedeutet und die klassische Hierarchie herausfordert.

- Eine besondere Herausforderung für Unternehmen ist der Umgang mit Widerständen, sowohl auf individueller als auch auf systemischer Ebene.
- Während Einzelpersonen mit Ängsten wie Kontrollverlust oder mangelndem Verständnis für agile Methoden konfrontiert werden, stehen Organisationen vor systemischen Barrieren wie Silo-Denken, Überbetonung individueller Karrieren oder fehlendem Vertrauen in den Transformationsprozess.
- Dennoch ist es für den langfristigen Erfolg von Unternehmen unerlässlich, dass Führungskräfte die drängende Notwendigkeit von Business Agility kollektiv anerkennen und proaktiv handeln.
- In der sich rasant verändernden Geschäftswelt, angetrieben von den dynamischen Kräften, die zur Agilen Zeitenwende führen, ist ein Status quo nicht mehr haltbar. Unternehmen müssen sich anpassen, um wettbewerbsfähig zu bleiben, da die Geschwindigkeit des Wandels weiter zunimmt.

Starthilfen & Tipps für Ihre Business Agility

Transformationsprozesse können komplex und oft herausfordernd sein. Das Ziel ist, einen klaren und umsetzbaren Ansatz für Business Agility in der Organisation zu schaffen. Im Folgenden beschreiben wir vier Starthilfen zur Verbesserung der Business Agility Ihrer Organisation.

Starthilfe 1: Standortbestimmung mittels Business Agility Audit

Auch wenn wir den Zeitpunkt für eine gesteigerte Business Agility zunächst als einen kollektiven Bewusstwerdungs- und Erkenntnisprozess betrachten, ist eine Standortbestimmung immer ein guter Ausgangspunkt für die weitere Auseinandersetzung damit. Die Ergebnisse des Business Agility Audits dienen als Grundlage für die Entwicklung eines maßgeschneiderten Transformationsplans, der speziell auf die Bedürfnisse und Herausforderungen der jeweiligen Organisation zugeschnitten ist. Das Audit ist auch für „reifere" agile Organisationen geeignet, welche den BTP bereits überschritten haben.

Unser Audit-Modell zeigt den Zusammenhang zwischen den Business-Agility-Zieldimensionen (Impact-Ebene) und den Treibern für Business Agility innerhalb einer Organisation. Wir haben bewusst weitere Dimensionen wie Mitarbeitende, Kunden, Partner mit in diese Zielebene aufgenommen, um auf die gegenseitigen Abhängigkeiten innerhalb des Business-Agility-Ökosystems hinzuweisen. Wir halten eine gute und nachhaltige Balance in diesem System für entscheidend, um beispielsweise die Einseitigkeit reiner wirtschaftlicher Entscheidungen, die wir als typisch für das scheidende Industriezeitalter sehen, zu vermeiden.

BUSINESS AGILITY TRANSFORMATION | Audit-Bereiche

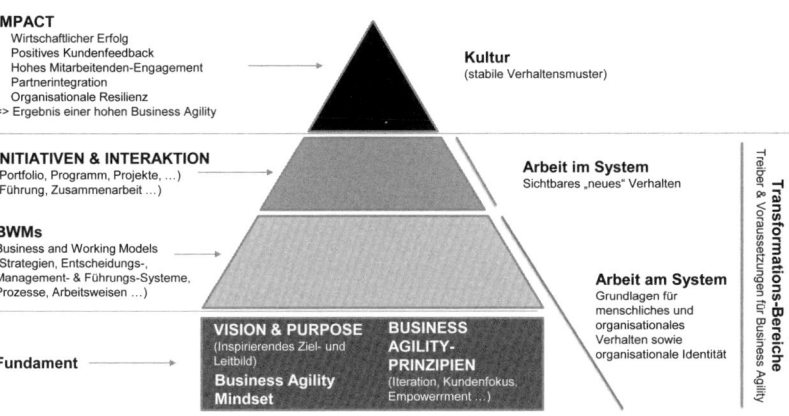

Abb. 10: Business Agility/Audit-Bereiche

Die Unternehmensvision, ein Business-Agility-Mindset und -Prinzipien bilden das Fundament für ein adaptives Business and Working Model (BWM). Sie sind die Basis für das, was wir nachher agile Kultur nennen, welche sich vor allem in stabilen Mustern menschlichen und organisationalen Verhaltens im jeweiligen BWM ausdrückt. Dieses vereinfachte Modell zeigt die Handlungsfelder und -ebenen für eine ganzheitliche Transformation auf.

Aufbau des Business Agility Audits

Die Impact-Dimensionen sind die eigentlichen Zieldimensionen, mit welchen wir die Wirksamkeit des jeweiligen BWM messen.

1. Wirtschaftliche Leistungsfähigkeit (Business)
   a. Mitarbeiter-Engagement (Employee Centricity)
   b. Kundenfokussierung (Customer Centricity)
   c. Partnerintegration
2. Organisationale Resilienz und Anpassungsfähigkeit (Agility)

Die Treiber einer gesteigerten Business Agility beziehen sich im Wesentlichen auf die Güte des Fundaments für eine Agile Transformation mit einer klaren Formulierung des Zwecks der Organisation für ihr Kundensegment sowie der Integration und Verankerung der Business-Agility-Prinzipien. Dabei achten wir vor allem auf

❑ Vision- und Strategieformulierung
❑ Steigerung der Umsetzungsgeschwindigkeit
❑ Iterations- und Lernfähigkeit
❑ Key-Result-Erfüllungsrate
❑ Outcome-Steigerung von Prozessen
❑ Innovationsfähigkeit
❑ Technologie- und Digitalisierungsgrad
❑ Workflow-Optimierung

Ein **Business Agility Audit-Tool**
finden Sie unter:
business-agility.info/30min

Starthilfe 2: Kollektives Commitment zu Business Agility

Das Überwinden von Verständnis-, Ziel- und Methodenkonflikten sowie die Auflösung von Insellösungen sind essenziell für die Förderung von Business Agility und bilden daher einen weiteren grundlegenden Ausgangspunkt. Ein profundes, gemeinschaftliches Verständnis der Agilen Zeitenwende und des Business Agility Wendepunkts (siehe Kap. 1.3) muss organisationsweit etabliert werden. Es ist wichtig, eine klare und gemeinsam geteilte Vision über die Bedeutung und Ausrichtung von Business Agility zu entwickeln. Das Engagement und die vollständige Zustimmung aller Führungskräfte und maßgeblichen Initiativen-Verantwortlichen sind dabei entscheidend.

Wir empfehlen eine „Agile Awareness"-Workshop-Reihe mit der obersten Führungsebene, den Verantwortlichen der strategischen Initiativen unter Einbeziehung des Transformationsteams. Das Ziel dieser Reihe ist es, ein kollektives Verständnis zur Situation der Organisation bezüglich deren Business Agility zu schaffen. Dies soll als Basis für einen klaren Konsens und das gemeinsame Commitment zum Start eines maßgeschneiderten Transformationsprozesses dienen. Ohne eine klare und geteilte Vision über die Bedeutung und Richtung von Business Agility wird ein kollektives Engagement schwierig und die Organisation bleibt in der Chaos-Zone stecken (siehe S. 18). Die Agile Transformation bleibt fragmentiert und kann nicht ihr volles Potenzial entfalten.

Starthilfe 3: Klare Mandatierung des Transformationsteams und der Führungskräfte

Für den Erfolg jeder Transformation ist ein klar definiertes Mandat entscheidend. Es stellt sicher, dass alle Führungskräfte, Organisationsentwickler und andere relevante Stakeholder die Richtung, Erwartungen und ihre spezifischen Rollen im Prozess kennen und verstehen. Für agile Implementierungen muss dieses Mandat partizipativ und transparent erarbeitet werden, sodass es von der gesamten Organisation getragen wird.

Anfangs ist es wichtig, den Umfang, die Ziele und die Tiefe des erforderlichen Engagements zu klären. Um eine breite Akzeptanz zu erreichen, muss die Beteiligung aller relevanten Stakeholder sichergestellt und ein gemeinsames Vorgehensmodell diskutiert werden. Ein klar umrissenes Mandat hilft, Stockungen und Misserfolge bei der agilen Umsetzung zu vermeiden. Es reduziert Unsicherheit und steigert das Engagement. Darüber hinaus kann durch ein kollaborativ entwickeltes Vorgehensmodell Widerstand minimiert werden, mit dem Menschen häufig auf Einschränkungen ihrer Autonomie reagieren. Ein fehlendes oder unklar formuliertes Mandat und mangelnde Beteiligung kann den gesamten Transformationsprozess gefährden.

Starthilfe 4: Verankerung der Transformation in der Organisation – neue Funktion in der Organisationsstruktur

Um den komplexen und umfangreichen Anforderungen an die Transformation einer Organisation gerecht zu werden, ist es unabdingbar, dass deren Umsetzung eine klare Verortung in der Organisation erhält. Isolierte Ansätze oder die Zuweisung kleinteiliger Change-Vorhaben und Aufträge an bestehende Fachabteilungen – wie HR oder Strategie – oder die übergriffige Delegation von Transformation an Führungskräfte im Allgemeinen sind hierfür nicht effektiv und effizient. Das Hinzufügen zu einem bestehenden Bereich reflektiert nicht die Neuartigkeit, den organisationsübergreifenden Umfang und das notwendige Commitment.

Eine McKinsey-Studie (Meet the newest member of the consumer C-suite: The chief transformation officer; McKinsey Quarterly, December 2022) zeigt eine wachsende Tendenz zu einem dedizierten zentralen Transformation Office (TO), das vom Chief Transformation Officer (CTO) geleitet wird. Diese Entwicklung spiegelt die Notwendigkeit wider, eine nie da gewesene, umfassende Disruption zu managen, die die gesamte Organisation betrifft, welche ein entsprechend holistisches Umsetzungsprogramm und ein komplettes Umdenken in allen Abteilungen erfordert. Durch ein dezidiertes TO wird die notwendige hierarchische Macht und Unabhängigkeit sichergestellt.

Zielsetzung: Das TO zielt darauf ab, die Transformationsagenda organisationsweit und partizipativ zu entwickeln und zu orchestrieren. Es unterstützt die fortlaufende Anpassung des Business and Working Models (BWM) der Organisation.

Strategisches Alignment: Bei der Implementierung eines TO ist eine enge Abstimmung mit der Strategieabteilung essenziell. Die Arbeit am System muss mit allen strategischen Initiativen harmonisiert werden, um Konflikte zu vermeiden. Es gilt also, eine Balance zwischen den Organisationszielen (dem „Was") und den geeigneten Arbeitsweisen (dem „Wie") zu finden. Ziel ist es, eine anpassungsfähige Umsetzungsorganisation zu etablieren.

Aufgaben: Zu den Hauptaufgaben gehören die Planung und Koordination aller Transformationsinitiativen im Einklang mit der Unternehmensstrategie, die Beschleunigung der Entscheidungs- und Umsetzungsgeschwindigkeit, die Verbesserung der Entscheidungs-, Management- und Führungssysteme sowie die Anpassung von Prozessen und Arbeitsweisen an veränderte Geschäfts- und Technologie-Anforderungen, entsprechend den Business-Agility-Prinzipien. Gegebenenfalls ist die Einrichtung eines Transformation Program Management Office (TPMO) sinnvoll.

Ein im TO angesiedeltes TPMO gewährleistet, dass die systemische Arbeit (WIE) gut mit allen strategischen Initiativen (WAS) abgestimmt ist. Es sorgt für die vertikale und horizontale Abstimmung aller Transformationsinitiativen und -projekte. OKR kann ein effektives und effizientes Instrument sein, um ein strategisches, horizontales und vertikales Alignment sicherzustellen. Das TO wird so zum zentralen Motor für transformative Veränderungen und zum Enabler der Strategie und Transformation. Die Entscheidung, wie und wo ein TO verortet wird, hängt von vielen Faktoren ab, die aufgrund ihrer Komplexität von der Auswertung einer Analyse bzw. eines Audits abhängig gemacht und organisationsspezifisch diskutiert werden sollten.

Business Agility kann nur agil eingeführt werden

Die Einführung von Business Agility verlangt nach einem agilen Ansatz statt eines starren Roadmap-Ansatzes, wie wir ihn aus dem Industriezeitalter kennen. Starre Schritte und festgelegte Ziele stehen im Widerspruch zum Wesen von Business Agility, welches durch Flexibilität, Reflexion und Anpassung gekennzeichnet ist. Diese Transformation muss ein iterativer Prozess sein, der sich ebenso an veränderte Umstände und neue Erkenntnisse anpasst und kontinuierliches Feedback integriert wie die Organisation insgesamt. Die Steigerung von Business Agility ist nicht nur ein Ziel, sondern eine ständige Reise, die die Organisation in die Lage versetzt, sich proaktiv und effizient an die sich ständig wandelnden Anforderungen des Digitalen Zeitalters anzupassen.

Business Agility als kollektiver Erkenntnisprozess

Business Agility ist mehr als die Übersetzung agiler Prinzipien in Systeme und Prozesse – es ist ein kollektiver Erkenntnisprozess, der die Organisation als lern- und anpassungsfähiges Gesamtsystem betrachtet. Dieser Prozess bildet die Grundlage für Wettbewerbsfähigkeit und Resilienz in einer disruptiven Welt. Das Anerkennen seiner Bedingungen und das Sich-darauf-Einlassen stellt eine zentrale Herausforderung für moderne Führungskräfte dar. Für den Erfolg im Digitalzeitalter müssen Unternehmen die Merkmale der Agilen Zeitenwende integrieren und ihre Geschäftsmodelle grundlegend überarbeiten. Es geht um ein umfassendes Umdenken, um in der hypervolatilen Welt erfolgreich zu sein. Es geht aber um weit mehr als die Einsicht einer einzelnen Führungskraft, die Implementierung einer agilen Methode in ein Team oder die Verbesserung der crossfunktionalen Zusammenarbeit. Es geht nicht nur um die Anpassung von Methoden und Tools, sondern um ein umfassendes, kollektives Umdenken.

Die Reise zu einer ganzheitlichen Business Agility ist weder einfach noch kurz, aber sie ist notwendig. Der Anpassungsdruck wird nicht weniger werden. Business Agility als umfassende Transformation ist die zentrale Initiative jeder Organisation und jedes Managementteams, das in der beschriebenen hypervolatilen Welt erfolgreich sein will. In diesem Sinne ist Business Agility nicht nur ein Unternehmensziel, sondern ein Zustand des kollektiven Bewusstseins. Es geht darum, in den Agierenden eine Lebendigkeit und Energie zu entfachen, die notwendig sein wird, um bei den jetzigen und kommenden Herausforderungen zu bestehen. Es steht viel mehr auf dem Spiel: Es geht um die Neugestaltung der kollektiven „Unternehmensseele".

Fast Reader

1. Business Agility

Aktuell erleben wir ein fruchtloses agiles Methoden-Wirrwarr. Geprägt von zeitraubenden Debatten über den richtigen Umgang mit einer hypervolatilen Geschäftsumwelt, verstellt diese Debatte den Blick auf das, worum es dabei wirklich geht: die effektive Erhöhung der Anpassungsfähigkeit unserer Organisationen in einer disruptiven Welt, also Business Agility.

- Business Agility ermöglicht schnelles, flexibles und proaktives Handeln in einer volatilen Geschäftswelt.
- Die Agile Zeitenwende markiert den Übergang vom Industrie- zum Digitalzeitalter.
- Die Agile Zeitenwende lässt sich in drei Phasen (Komfort-Zone, Chaos-Zone, Business Agility) unterteilen, welche durch zwei Übergangspunkte gekennzeichnet sind. Diese werden von typischen Merkmalen begleitet, anhand welcher sich feststellen lässt, in welcher Phase sich eine Organisation aktuell befindet.
- Es gibt fünf Schlüssel-Charakteristika dieser Zeitenwende, welche den aktuellen Transformationsdruck prägen: Neuartigkeit, hohe Auswirkung, zunehmende Frequenz, Interdependenz und Sychronizität der Veränderungen.
- Traditionelle Managementmodelle sind nicht für diese dauerhafte Volatilität und reduzierte Vorhersagbarkeit geeignet,

während richtig verstandene und gut etablierte agile Frameworks dafür sorgen, kurze Phasen von Stabilität in unsicheren Zeiten zu schaffen.

- Führungskräfte müssen sich mit der Unsicherheit und den Herausforderungen der Agilen Zeitenwende auseinandersetzen. Tun sie es nicht, läuft ihre Organisation Gefahr, Transformations-Schuld aufzubauen.

2. Lösungsansätze zur Steigerung der Business Agility

Im Digitalen Zeitalter benötigen Organisationen eigene Antworten auf die vielfältigen Herausforderungen. Diese müssen jedoch mindestens alle fünf Kernpunkte der Agilen Zeitenwende umfassen sowie die wesentlichen agilen Prinzipien berücksichtigen, um ein organisationsspezifisches und passgenaues „agiles Betriebssystem" zu entwickeln.

- Agile Prinzipien sind die DNA-Bausteine für zukünftige Geschäftsmodelle und fördern die Business Agility.
- Als übergeordnetes agiles Betriebssystem empfiehlt sich OKR (Objectives and Key Results).
- Die Stacey-Matrix hilft, mehrere nebeneinander bestehende Arbeitsmodelle zu kartieren, um den (richtigen) Methodenmix einer Organisation sichtbar zu machen.
- Agile Steuerungs- und Arbeitsmodelle schaffen vorübergehende Stabilität in einer hochvolatilen Umwelt. Diese benötigen einen hohen Reifegrad und Umsetzungsdisziplin aller Beteiligten.

3. Business Agility als unternehmens- weite Transformation

Die Agile Transformation erfordert eine individuelle und kollektive Antwort. Isolierte agile Ansätze werden nicht den gewünschten Erfolg bringen. Allerdings scheitern viele Organisationen an dem notwendigen kollektiven Commitment für eine tiefgreifende Transformation.

- Das Erkennen von und der Umgang mit individuellen und systemischen Widerständen gegen agile Veränderungen ist entscheidend für eine erfolgreiche Transformation.
- Kollektives Engagement des Top-Managements ist unabdingbar, mit Fokus auf Kundenzentrierung, Performance-Monitoring, Mitarbeiterengagement und agile Führung.
- Business Agility beginnt meist mit agilen Experimenten im System – welche selten den gewünschten Erfolg bringen – und benötigt eine tiefgreifende Transformation der Unternehmenskultur und Arbeit am System.
- Die Steigerung der Business Agility muss agil erfolgen und erfordert einen kontinuierlichen Zyklus aus Implementierung, Messung, Reflexion und Lernen.
- Ein Business Agility Audit ist ein guter Startpunkt für eine Standortbestimmung und die Diskussion des weiteren Umgangs mit den spezifischen Disruptionen einer Organisation.

Die Autoren

 **Gerald Draht** bringt über 20 Jahre Erfahrung in verschiedenen Führungs- und Beratungsrollen mit. Als versierter Trainer, Moderator und Management Consultant begleitete er zahlreiche Unternehmen in vielfältigen Change- und Transformations-Initiativen. Neben klassischen facilitativen Formaten umfasst seine Expertise Business Coaching, verschiedene agile Methoden, OKR-Implementierung und Transformationsbegleitung. Er ist Senior Manager Change und Transformation sowie Berater für OKR und Business Agility bei DigitalWinners.

business-agility.info, digitalwinners.net, okrexperten.de

gerald@business-agility.info

 **Erno Marius Obogeanu-Hempel** ist seit mehr als zwei Jahrzehnten Visionär, Vordenker und anerkannter Experte in den Bereichen Digitalisierung, Strategie, OKR, Business Agility, Digitale Transformation, Agile Transformation und Innovation.

Durch seine Arbeitsaufenthalte im Silicon Valley hat er ein Digital Mindset erfahren sowie neue Methoden und Ansätze kennengelernt und diese bei europäischen Firmen erfolgreich eingeführt. Er ist als Unternehmensberater, Business Coach, internationaler Keynote Speaker und Hochschuldozent tätig sowie Gründer, Geschäftsführer und Partner der DigitalWinners – einer Beratungsboutique.

business-agility.info, digitalwinners.net, okrexperten.de, ernomarius.com

erno@business-agility.info

Weiterführende Literatur

Grove, Andrew S.: Only the Paranoid Survive, Bantam Doubleday Dell Publishing Group, 1998

Hugos, Michael H.: Business Agility, Whiley & Sons Ltd, 2009

Obogeanu-Hempel, Erno Marius & Steiner, André Daiyû, 30 Minuten OKR — Objectives & Key Results, GABAL, 2021

Rudd, Charlie: The Third Wave of Agile, 2016, https://infotech.report/Resources/Whitepapers/3eb50cce-87c3-4bb7-b420-80240f78733d_Third-Wave-of-Agile_2016.pdf

Scholz, Holger & Vesper, Roswitha: Facilitation, Vahlen, 2022

Schwaber, Ken: The Enterprise and Scrum, Microsoft Press, 2007

Snowden, Dave: The Cynefin Framework, https://www.youtube.com/watch?v=N7oz366X0-8; 2010

Glossar

AIP: Agile Zeitenwende (Agile Inflection Point): Markiert Übergang vom Industriellen zum Digitalen Zeitalter, gekennzeichnet durch signifikante Veränderungen in der Geschäftswelt, die eine agile Anpassung erfordern.

Business Agility Wendepunkt (Business Agility Turning Point/ BTP): Entscheidender Moment, in dem eine Organisation erkennen muss, dass eine Änderung ihrer Geschäftsstrategie notwendig ist, um anpassungsfähiger und resilienter zu werden.

Chaos-Zone: Zustand, in dem traditionelle Managementmethoden und -ansätze nicht mehr wirksam sind und ein neues Maß an Flexibilität und Anpassungsfähigkeit erforderlich ist.

Digitale Ära/Digitales Zeitalter: Zeitraum, in dem die Nutzung digitaler Technologien und Daten zum Hauptreiber wirtschaftlicher, sozialer und kultureller Veränderungen wird.

Fit for Purpose Framework: Rahmenwerk, das Organisationen hilft, Prozesse und Systeme zu entwickeln, die auf spezielle Anforderungen passgenau zugeschnitten sind.

Geschäfts- und Arbeitsmodell (**Business and Working Model/ BWM**): Umfasst alle organisationalen Aspekte wie Denkansätze, Managementmethoden, Lösungsstrategien, Kultur und Strukturen, die das Geschäft und die Arbeitsweise einer Organisation definieren.

Lean-Startup-Zyklus: Iterativer Prozess zur Entwicklung von Produkten und Geschäftsmodellen, der sich auf schnelle Markteinführung, Feedback und kontinuierliche Verbesserung konzentriert.

MVPs (Minimal Viable Products): Produkte mit dem minimal notwendigen Funktionsumfang, um sie auf den Markt zu bringen und Feedback von den frühesten Kunden zu erhalten.

Objectives and Key Results (OKR): Agiles Framework zur Strategieumsetzung durch Festlegung und Verfolgung von strategischen Zielen und deren messbaren Ergebnissen in Organisationen.

Organisationsspezifischer Kipppunkt (Organization Specific Tipping Point/ OTP): Kritischer Moment, an dem eine Organisation eine signifikante Veränderung erfahren muss, um relevant und wettbewerbsfähig zu bleiben.

Stacey-Matrix: Tool zur Bewertung des Grades an Komplexität und Unsicherheit in Entscheidungssituationen.

Transformationsdruck: Druck, den Organisationen erfahren, um sich zu verändern und anzupassen, oft getrieben durch externe Kräfte wie Marktveränderungen oder technologische Entwicklungen.

Transformations-Schuld: Die Aufsummierung notwendiger, aber nicht durchgeführter Veränderungen in einer Organisation, die zu Ineffizienz und mangelnder Wettbewerbsfähigkeit führen kann.

Register